幼儿心理健康教育

主　编　朱晓斌
副主编　贾文斌

中国教育出版传媒集团
高等教育出版社·北京

内容提要

本书依据《教师教育课程标准（试行）》编写，是“2020年国家级一流本科课程（虚拟仿真实验教学一流课程）：3—6岁幼儿心理问题的教育观察、辨别与辅导的虚拟仿真教学实验系统”、“幼儿心理健康”在线课程的配套教材。

本书充分遵循幼儿年龄特点和身心发展规律，注重以发展性的视角开展心理健康教育，从认识和理解健康、心理健康、幼儿心理健康教育等基本问题入手，逐一介绍幼儿心理健康的教育观察、幼儿积极心理的培养、沙构游戏、沙盘游戏、幼儿常见问题行为、家园合作共促幼儿心理健康等内容，深化学习者对幼儿心理健康教育的认识。

本书适用于高等院校学前教育专业本、专科学生，也可用于各级各类教师培训，同时适合作为家长读物。

图书在版编目（CIP）数据

幼儿心理健康教育 / 朱晓斌主编. --北京：高等教育出版社，2025.4

ISBN 978-7-04-061829-7

Ⅰ. ①幼… Ⅱ. ①朱… Ⅲ. ①幼儿-心理健康-健康教育-高等职业教育-教材 Ⅳ. ①B844.12

中国国家版本馆CIP数据核字（2024）第044586号

幼儿心理健康教育
You'er Xinli Jiankang Jiaoyu

策划编辑 王雅君　责任编辑 王雅君　封面设计 张雨微　版式设计 杜微言
责任绘图 马天驰　责任校对 窦丽娜　责任印制 张益豪

出版发行 高等教育出版社
社　　址 北京市西城区德外大街4号
邮政编码 100120
印　　刷 唐山嘉德印刷有限公司
开　　本 787mm × 1092mm 1/16
印　　张 14.75
字　　数 260千字
购书热线 010-58581118
咨询电话 400-810-0598
网　　址 http://www.hep.edu.cn
　　　　 http://www.hep.com.cn
网上订购 http://www.hepmall.com.cn
　　　　 http://www.hepmall.com
　　　　 http://www.hepmall.cn
版　　次 2025年4月第1版
印　　次 2025年4月第1次印刷
定　　价 34.00元

物 料 号 61829-00

前言

关注幼儿心理健康教育是落实党的二十大精神“加快建设高质量教育体系”“重视心理健康和精神卫生”的应有之义。幼儿期是个体成长的最初时期，也是心理素质萌发和培养的关键时期。幼儿心理健康教育是一种发展性的教育，其立足点在于提升幼儿的心理素质。幼儿虽然经验不足，身心未成熟，但其心理结构具有很强的可塑性，有旺盛的求知欲和巨大的发展潜力。因此，有必要对幼儿心理健康教育进行研究，探讨其发展特点，以更好地促进幼儿心理素质的提升。《幼儿心理健康教育》一书正是在这样的背景下编写的，以帮助教师加深对幼儿心理健康的理解，澄清困惑，进而在实践中采取适当的教育方式，培养幼儿良好的心理素质。

一、课程定位

“幼儿心理健康教育”是学前教育专业重要的专业必修课，旨在解决幼儿心理健康教育活动中的实际问题。学习者通过本课程系统学习幼儿心理健康教育的相关知识、理论和方法，应初步具备培养幼儿健全人格和良好心理品质的能力，以及分析、辅导幼儿异常心理和问题行为的能力。本课程从认识和理解健康、心理健康、幼儿心理健康等基本问题入手，逐步展开对幼儿心理健康教育的阐述，包括幼儿心理健康的教育观察、幼儿积极心理的培养、沙构游戏、沙盘游戏、幼儿常见问题行为、家园合作共促幼儿心理健康等内容。

二、教材特色

基于我们对“幼儿心理健康教育”的课程定位和长期的教学实践，本教材的撰写突出以下特色：

第一，坚持“大健康”观，注重培养幼儿的积极心理品质。从促进所有儿童全面发展的角度出发。本教材认为幼儿心理健康教育：不仅仅是对心理存在问题的幼儿进行干预，还包括对所有幼儿积极心理品质的培养；不仅仅是对心理障碍和问题的治疗，还包括对异常状态的预防。

第二，坚持“儿童视角”，丰富体例设计。本教材关注了幼儿心理健康教育中那些有特殊需要的“特别的孩子”，揭示了幼儿异常行为的常见表现。具体而言，本教材有以下栏目设计（表1）。

表1　栏目设计说明

位置	栏目	作用
章前	学习目标	在目标的指引下，学生开启本章学习
	思维导图	构建可视化的知识框架，便于学生把握全章所学
章内	关键问题	凸显各节学习要点
	特别的孩子	展现有特殊需要的幼儿在日常生活中的表现
	案例	展现教师、家长的教育对策和困惑
章末	思考题	供学生复习、查漏补缺

第三，纸质教材与数字课程相辅相成。本教材是“2020年国家级一流本科课程（虚拟仿真实验教学一流课程）：3—6岁幼儿心理问题的教育观察、辨别与辅导的虚拟仿真教学实验系统”的配套教材，学习者可以登录杭州师范大学虚拟仿真网进行学习。同时，本教材也是杭州师范大学智慧课程“幼儿心理健康”的配套教材。该课程（图1）已在智慧树平台上线，学习者可登录该平台免费学习。纸质教材与数字课程构建了开放兼容、易学易教的学习系统。

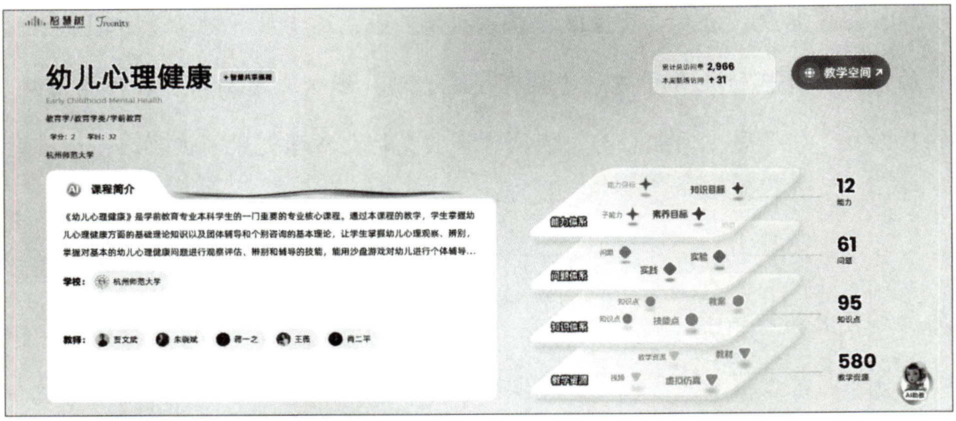

图1　“幼儿心理健康”课程

三、编写分工与致谢

本教材的参编人员均为国家级一流本科课程团队成员。团队成员长期合作研究幼儿心理健康教育。主编朱晓斌教授拟订编写提纲并统稿，大家多次共同讨论；副主编贾文斌博士承担了书稿协调、整合工作。具体编写分工如下：第一章，朱晓斌（杭州师范大学经亨颐教育学院），贾文斌（杭州师范大学经亨颐教育学院）；第二章，肖二平（杭州师范大学经亨颐教育学院），邵丽美（杭州师范大学实验幼儿园），楼晶（杭州市天水幼儿园）；第三章，贡德英（河南财经政法大学），马晓芽（杭州市西湖区文一街幼儿园），胡嫣（杭州市天水幼儿园）；第四章，贡德英，须晶晶（杭州市西湖区莲花港幼儿园），夏琴（杭州市余杭区云帆幼儿园）；第五章，蔡飞（杭州市文晖实验学校），朱晓斌，史媛（丽水学院教师教育学院）；第六章，王薇（杭州师范大学经亨颐教育学院），楼晶（杭州市天水幼儿园）；第七章，马晓芽，胡嫣，蔡飞。

教师在授课中如需要教学课件资源，可联系责任编辑王雅君（wangyj@hep.com.cn）。

在编写书稿的过程中，我们参阅了许多中外文献资料。因此，我们要感谢的著者众多，却难以一一全部列出，在此敬请大家谅解！同时限于我们的浅见，不足之处在所难免，恳请同行专家和广大读者批评指正！

朱晓斌

2024年7月1日于杭州耀江文萃苑

目录

第一章
幼儿心理健康教育概述

学习目标

1. 理解幼儿心理健康的内涵。
2. 理解幼儿心理健康教育的内涵。
3. 明确开展幼儿心理健康教育的基本要求。
4. 掌握开展幼儿心理健康教育的途径。

思维导图

- 幼儿心理健康教育概述
  - 幼儿心理健康教育的内涵、意义与原则
    - 内涵
      - 健康
      - 心理健康
      - 幼儿心理健康
      - 幼儿心理健康教育
    - 意义
      - 心理健康教育是幼儿全面健康发展的保障
      - 开展幼儿心理健康教育是现实社会的迫切需求
    - 原则
      - 多维系统
      - 多方合力
      - 促进而非干预，预防重于干预
  - 幼儿心理健康教育的目标、要求与途径
    - 目标
    - 基本要求
      - 敏锐体察幼儿的内心感受
      - 创造具有安全感的心理环境
      - 积极引导幼儿换位思考
      - 巧妙结合幼儿的日常生活
    - 途径
      - 渗透于幼儿园一日生活全过程
      - 融入幼儿园教学活动与游戏
      - 补偿性教育
  - 幼儿心理健康档案的建立与使用
    - 基本内容
    - 资料获取的途径和方法
      - 观察法
      - 问卷法
      - 访谈法
      - 作品分析法
      - 心理测验法

第一节　幼儿心理健康教育的内涵、意义与原则

关键问题

- 什么是幼儿心理健康？
- 什么是幼儿心理健康教育？
- 幼儿心理健康教育的意义是什么？
- 幼儿心理健康教育的原则是什么？

习近平总书记在 2016 年全国卫生与健康大会上强调：“要加大心理健康问题基础性研究，做好心理健康知识和心理疾病科普工作，规范发展心理治疗、心理咨询等心理健康服务。”《“健康中国 2030”规划纲要》也对加强心理健康服务提出了明确要求。关注心理健康，加强心理健康教育与服务，成为维护和增进人民身心健康的重要内容，也是实现全民健康的必然要求。

一、幼儿心理健康教育的内涵

厘清健康、心理健康、幼儿心理健康的内涵，才能准确把握幼儿心理健康教育的内涵。

（一）健康

1946 年，世界卫生组织在《世界卫生组织组织法》中指出：“健康不仅为疾病或羸弱之消除，而系体格、精神与社会之完全健康状态。”其对健康的描述，不只是没有疾患或残疾的生理范畴，而是个体在身体、心理和社会适应三位一体的完好状态。1978 年，国际初级卫生保健大会发表的《阿拉木图宣言》也持同样观点：“健康不仅是疾病和体弱的匿迹，还包括身心健康、社会幸福的完美状态。”在世界卫生组织和国际初级卫生保健大会的宣传下，健康既包括身体健康也包括心理健康和良好的社会适应力，这一观点得到了大家的广泛认可。

（二）心理健康

何谓心理健康？世界卫生组织认为，心理健康是指一种状态，在这种状态中，每个人能够实现自己的能力，能够应对正常的生活压力，能够有成效地从事工作，并能够对其社区做出贡献。我国国家卫生健康委员会将心理健康定位为：人在成长和发展过程中认知合理、情绪稳定、行为适当、人际和谐、适应变化的一种完好状态。《简明不列颠百科全书》将心理健康解释为：心理健康是指个体心理在本身及环境条件许可范围内所能达到的最佳功能状态，但不是十全十美的绝对状态。①

关于心理健康的标准，《心理学大辞典》认为主要有以下五条：（1）情绪稳定，无长期焦虑，少心理冲突；（2）乐于工作，能在工作中展现自己的能力；（3）能与他人建立和谐的关系，且乐于和他人交往；（4）对自己有一定的了解，且有自我悦纳的态度；（5）对生活环境有适当的认识，能切实有效地面对问题、解决问题，不逃避问题。② 马斯洛和米特尔曼认为心理健康应符合以下十条标准：（1）有足够的安全感；（2）充分了解自己，并能对自己的能力做出恰如其分的判断；（3）生活目标切合实际；（4）不脱离周围现实环境，与外界保持良好的接触；（5）能保持人格的完整与和谐；（6）具有一定的学习能力，善于从经验中学习；（7）能保持良好的人际关系；（8）能对情绪作适度的表达与调控；（9）在不妨碍团体利益的前提下，能有效发挥自己的才能与兴趣爱好；（10）在不违背社会道德规范下，能恰当地使个人的基本需要得到满足。

综上所述，心理健康的特征包括以下四个方面：（1）智力正常，这是人们生活、学习和工作的最基本的心理条件；（2）情绪稳定与愉快，这是心理健康的重要保障；（3）良好的人际关系，这不仅是维持心理健康的必备条件，也是获得心理健康的重要方法；（4）良好的环境与社会适应能力是心理健康的重要标志。但是，一个人心理健康并不是在每一个方面都表现良好，只要在现实生活中，能够正确认识自我，合理控制情绪，人际关系和谐，就具备了心理健康的基本特征。

---

① 姜椿芳．简明不列颠百科全书：8［M］．北京：中国大百科全书出版社，1986：613.

② 林崇德，杨治良，黄希庭．心理学大辞典［M］．上海：上海教育出版社，2003：1395.

（三）幼儿心理健康

2001 年，教育部发布的《幼儿园教育指导纲要（试行）》明确指出：“幼儿园必须把保护幼儿的生命和促进幼儿的健康放在工作的首位。树立正确的健康观念，在重视幼儿身体健康的同时，要高度重视幼儿的心理健康。”2012 年，教育部发布的《3—6 岁儿童学习与发展指南》也明确指出，幼儿正处于身体和心理发育与发展的初级阶段和重要时期，维护和促进幼儿健康是第一位的，身心健康是其他领域学习与发展的基础。其中，幼儿在健康领域的学习与发展的主要内容就是围绕幼儿身体的健康和心理的健康（包括社会适应能力）而展开的。

前文讨论的心理健康的概念是从成人的角度来理解的，对于幼儿而言，因其处于身心发育的早期阶段，所以不能简单地把心理健康的概念直接用于幼儿心理健康。《3—6 岁儿童学习与发展指南》强调“发育良好的身体、愉快的情绪、强健的体质、协调的动作、良好的生活习惯和基本生活能力是幼儿身心健康的重要标志”。幼儿心理健康的内涵极为丰富，涉及多个学科，包含幼儿的各种健康问题，结合幼儿心理、教育和医学专家等多方面的观点，我们认为幼儿心理健康主要有以下六个方面的特征：

（1）动作发展正常。动作发展与脑的发育及其功能发展密切相关，幼儿躯体大动作和手指精细动作的发展处于正常范围是心理健康的基本条件。幼儿与父母的眼神接触、微笑及其他恰当的身体动作则是情绪与社会性健康发展的重要指标。

（2）认知发展正常。一定的认知能力是幼儿生活和学习的重要条件，虽然幼儿的认知发展存在个体差异，但若某个幼儿的认知水平明显低于同龄组幼儿，且不在正常范围之内，则该幼儿的认知能力是存在问题的，心理也是不健康的。幼儿期是认知发展极为迅速的时期，因此，幼儿应避免因各种原因造成的脑损伤或不适宜的环境刺激，防止产生不健康的心理。

（3）情绪积极向上。积极的情绪状态反映了中枢神经系统功能具有协调性，亦表明个体的身心处于良好的平衡状态。幼儿的情绪具有很大的冲动性和易变性，但随着年龄的增长，幼儿的情绪自我调节能力有所增强，稳定性逐渐提高，幼儿开始学习合理地表达消极的情绪。如果某个幼儿经常处于消极的情绪状态，如整天闷闷不乐或经常暴跳如雷，那么该幼儿的心理也是不健康的。

（4）人际关系融洽。幼儿之间的交往是维持心理健康的重要条件，也是获得心理健康的必要途径。心理不健康的幼儿，其人际关系往往是失调的，或自己远离同伴，或成为群体中不受欢迎的人。心理健康的幼儿乐于与他人交往，能与同伴合作，在游戏中能做到谦让。

（5）自我意识良好。自我意识是个性中最为核心、最为本质的表现，它反映在幼儿对客观现实和自我关系的稳定态度以及习惯化的行为方式中。心理健康的幼儿，一般自我评价、自我控制和自我体验发展正常，具有自信、自尊、主动、合作等特征。而心理不健康的幼儿常常具有冷漠、胆怯、自卑、被动、孤僻等特征。

（6）无严重的心理卫生问题。幼儿不健康的心理往往以各种行为方式表现出来，如吸吮手指、遗尿、口吃、多动等。心理健康的幼儿应没有严重的或复杂的心理卫生问题。

（四）幼儿心理健康教育

心理健康教育是围绕心理健康开展的教育活动。《心理学大辞典》指出，心理健康教育的主要内容是：普及心理健康基本知识，树立心理健康意识，了解简单的心理调节方法、认识心理异常现象、初步掌握心理健康常识。① 心理健康教育要立足教育，重在指导，遵循身心发展规律，保证实践性与实效性；坚持从学生心理发展的特点出发，面向全体学生、关注个体差异和尊重学生等教育原则，做到科学性与针对性相结合，共性与个性相结合，尊重、理解、真诚与威严相结合，预防、矫治与发展相结合，辅导与主动参与相结合，助人与自助相结合。

幼儿心理健康教育是幼儿身心发展的重要组成部分，旨在使幼儿了解保护自己心理健康的基本知识与技能，表达并调节其不良情绪和态度，形成有利于心理健康的行为与习惯，预防和矫治心理障碍和行为异常，从而保障幼儿心理健康，为其全面、健康发展保驾护航。

---

① 林崇德，杨治良，黄希庭．心理学大辞典［M］．上海：上海教育出版社，2003：1395.

二、幼儿心理健康教育的意义

健康是促进人的全面发展的必然要求，是经济社会发展的基础条件，是民族昌盛和国家富强的重要标志，也是广大人民群众的共同追求。

（一）心理健康教育是幼儿全面健康发展的保障

幼儿身心健康是幼儿其他领域发展的基础和保障，所以幼儿在健康领域学习与发展的主要内容就是围绕幼儿身体发展和心理健康（包括社会适应能力）展开的。幼儿的身体健康和心理健康是相互促进、相互影响的。幼儿只有身体正常发育才能更好地适应环境和抵挡疾病，而幼儿神经系统的良好发育是进行智力活动的物质基础，也是行为正常的重要前提。幼儿的心理健康与否也会反过来影响其身体健康。怒伤肝、喜伤心、忧伤肺、思伤脾、恐伤肾（《黄帝内经》），就描述了心理健康对身体健康的影响。良好的情绪是幼儿心理健康的重要标志。当幼儿情绪处于安定与愉快的状态时，机体就会分泌多种神经递质，如多巴胺、去甲肾上腺素、内啡肽等，这些神经递质对幼儿大脑和身体的正常发育与健康发展大有裨益。愉悦的情绪还有助于幼儿积极地探索环境，与他人交往，并与其他小朋友建立良好的人际关系，增强其社会适应能力。

目前不论是家庭还是幼儿园，人们对幼儿身体健康的重视程度普遍大于心理健康。不少幼儿园把幼儿的身高、体重及血常规作为衡量幼儿健康的三大指标。为此，幼儿园在进餐、午睡、户外活动等一日生活方面下足功夫。家长也非常关注幼儿的身高、体重的增长以及幼儿园的伙食。但幼儿园、家长对于幼儿的入园焦虑、过度依赖、独立性差、爱发脾气等心理健康问题往往不够重视，没有将心理健康放在与身体健康同等重要的地位。家长往往等到孩子长大后表现出不稳定的人格特征、暴露出不寻常的问题行为时，才追悔莫及。因此，心理健康对儿童健康发展来说具有重要意义，在学前教育阶段对幼儿及时并有效地进行心理健康教育，不仅是幼儿成长为“全人”的有力保障，更是现代素质教育的必然要求。

（二）开展幼儿心理健康教育是现实社会的迫切需求

当前，我国幼儿的心理健康状况不容乐观，多项调查研究发现，相当比例的幼儿存在着情绪性和社会性发展不足的问题。2021 年 5 月，历时八年、样本量达 17 524 名儿童的中国儿童精神疾病患病率的流调报告显示，儿童青少年的神经障碍患病率为 17.5%，其中注意缺陷多动障碍占 6.4%，焦虑障碍占 4.7%，对立违抗障碍占 3.6%，抑郁障碍占 3.0%。①

针对这些幼儿心理问题，国家出台了系列举措。2021 年国务院发布的《中国儿童发展纲要（2021—2030 年）》指出，要增强儿童心理健康服务能力，提升儿童心理健康水平。构建儿童心理健康教育、咨询服务、评估治疗、危机干预和心理援助公共服务网络。我国应基本建成有利于儿童青少年心理健康的社会环境，形成学校、社区、家庭、媒体、医疗卫生机构等联动的心理健康服务模式；应落实儿童青少年心理行为问题和精神障碍的预防干预措施，加强重点人群心理疏导，为增进儿童青少年健康福祉、共建共享健康中国奠定重要基础；各级各类学校建立心理服务平台或依托校医等人员开展学生心理健康服务，学前教育、特殊教育机构要配备专兼职心理健康教育教师；50% 的家长学校或家庭教育指导服务站点应开展心理健康教育；60% 的二级以上精神专科医院应设立儿童青少年心理门诊，30% 的儿童专科医院、妇幼保健院、二级以上综合医院开设精神（心理）门诊；各地市设立或接入心理援助热线；儿童青少年心理健康核心知识知晓率达到 80%。幼儿心理健康教育作为培育幼儿身心健康的重要组成部分，其重要性日益凸显。

三、幼儿心理健康教育的基本原则

对幼儿进行心理健康教育要把握三个基本原则：

（一）多维系统

幼儿心理本身是一个复杂的自组织系统，幼儿的发展涉及生物学、神经科学、儿科学、心理学、社会学、教育学、人类学、体育运动学等多个学科的知识，因此要进行恰当有效的幼儿心理健康教育，就需要多学科的交叉与融

① LI F H，CUI Y H，LI Y，et al. Prevalence of mental disorders in school children and adolescents in China：diagnostic data from detailed clinical assessments of 17 524 individuals［J］. Journal of Child Psychology and Psychiatry，2022，63（1）：34-46.

合。婴幼儿期是发展的关键时期，在这个交叉点上，我们需要从生命全程以及进化论的系统发展角度进行研究，逐步揭开幼儿心理发展的规律，为幼儿心理健康教育提供更为合理的视角和方法。

（二）多方合力

幼儿是未来的希望，幼儿心理健康也是全人类共同追求的目标，因此，幼儿心理健康教育涉及学校、家庭、社区，甚至各地区以及各国的协同。其中尤其重要的是家庭和幼儿园，这两者是幼儿所处时间最长的环境，对幼儿的心理健康影响也最大。大部分幼儿的问题行为及心理问题与其家庭结构、父母交往方式、父母行为习惯、父母情绪表达方式直接相关。因此，幼儿心理的健康发展，需要家园共同合作。

（三）促进而非干预，预防重于干预

教师和家长要对幼儿心理健康教育有正确的认识，幼儿心理健康教育的本质是促进幼儿身心发展，提升其幸福感，而非仅仅对其进行物理干预和治疗。教师和家长要特别注意：从正面对幼儿进行帮助、回应和养育，相信孩子的潜能、看到孩子的优点、肯定孩子的努力，用发展的眼光看待问题；帮助孩子看到事情积极的一面，表扬孩子的勤奋、坚持和努力的品质，而不是夸孩子聪明。对于一些幼儿的问题行为和心理健康问题，预防重于干预。从生命全程观的角度来讲，早期预防更加重要，早期预防可以防患于未然。教师和家长应引导幼儿了解一些浅显易懂、可理解、符合其认知水平的心理健康知识。例如，对地震、洪水等自然灾害的正确认识，对死亡和危险的正确认识，以避免幼儿出现创伤性应激障碍。目前，家庭对幼儿心理健康重视程度远远不够，家长常常缺乏相关知识，直到幼儿出现了非常明显的心理与行为问题，严重地影响了其日常学习与生活时，才寻求帮助，甚至还有家长羞于启齿，藏着掩着，这极大地耽误了幼儿心理干预的最佳时期。因此，无论是教师还是家长，都要掌握一定的幼儿心理发展的相关知识，才能够及时识别幼儿心理和行为问题，做到早发现、早干预。

第二节　幼儿心理健康教育的目标、要求与途径

关键问题

- 幼儿心理健康教育的目标是什么？
- 开展幼儿心理健康教育有哪些基本要求？
- 开展幼儿心理健康教育的途径有哪些？

党的二十大报告指出，坚持以人民为中心发展教育，加快建设高质量教育体系，发展素质教育，促进教育公平。我国学前教育事业高质量发展，必须以满足人民群众对高质量学前教育的需求为导向，以促进幼儿身心全面和谐发展为根本，充分遵循幼儿身心发展规律和学前教育规律。因此，幼儿心理健康教育也就有着独特的教育目标、要求、途径和方法。

一、幼儿心理健康教育的目标

幼儿心理健康教育目标的制订必须综合考虑其与学前教育总目标的关系、预防与干预的关系，以及幼儿身心发展水平。

首先，幼儿心理健康教育是学前教育系统中的一个基础部分，必须将其置于整个教育系统中，并从促进儿童全面发展的角度，考虑其与健康、语言、社会、科学、艺术等各领域的交叉联系。

其次，幼儿心理健康教育的目标不仅包括对幼儿心理障碍和问题行为的治疗，还包括对异常状态的预防。过去，心理健康教育多在发现心理问题之后进行，现在则更加强调心理疾病的预防，这是心理健康观念由被动变主动的转变。我们可以在一日生活中点滴渗透，逐步培养幼儿的积极情绪和良好品格，教会他们如何去面对困难和挑战，而这也正是积极心理学运动的要义所在。

最后，幼儿心理健康教育的目标要符合幼儿的身体年龄特征、心理发展水平，这也是《3—6 岁儿童学习与发展指南》《幼儿园保育教育质量评估指南》一再强调的要求。

幼儿心理健康教育的总目标是促进全体幼儿的心理健康发展，充分开发幼儿的潜能，培养幼儿积极、乐观、向上的心理品质和健全的人格，提升其幸福感，为其终身发展奠定基础。其具体目标如下：

（1）培养幼儿广泛的兴趣，保持幼儿的好奇心，激发幼儿的求知欲，启迪幼儿的思维，启发幼儿的智能和创造性。

（2）增强幼儿自我调控、承受挫折、适应环境的能力，培养幼儿自信、独立和坚持的品质，以及积极、乐观、开朗的性格。

（3）使幼儿不仅学会关心自己、爱护自己，更要学会关心和帮助他人，特别是父母、教师和同伴。

（4）对有心理行为问题的幼儿要进行科学有效的心理辅导，对有可能出现的问题要早发现、早干预，避免心理问题朝着严重的方向继续发展。

（5）教师和家长要保持良好、积极、健康的心态，更新教育观念，提高自身的心理健康水平。

二、幼儿心理健康教育的基本要求

2023 年，教育部等十七部门印发《全面加强和改进新时代学生心理健康工作专项行动计划（2023—2025 年）》。该行动计划要求加强学生心理健康工作体系建设，全方位强化学生心理健康教育，多渠道、多形式开展心理健康教育。幼儿心理健康教育要符合幼儿身心发展特点，综合运用有关心理健康教育的方法和手段，促进学生身心健康发展。具体到学前阶段，幼儿心理健康教育有以下基本要求。

（一）敏锐体察幼儿的内心感受

为了使幼儿的身心得到全面、和谐、健康的发展，教师和家长需要具有正确评价幼儿心理健康和了解幼儿心理特征的能力，特别是敏锐体察幼儿内心感受的能力。

某幼儿走到老师面前说自己想喝水，老师亲切地抚摸着他的头说："去饮水机那里接水吧。"紧接着，这名幼儿一连三次走到老师面前说想要喝水，这引起了老师的注意。原来幼儿不是要喝水，而是希望引起老师的注意，抚摸他的头，这是爱的需要。

所以，教师和家长只有根据幼儿的年龄特征，敏锐体察幼儿内心的感受，并给予幼儿充分的关爱，才能够提高幼儿心理健康教育的成效。反之，就会降低幼儿心理健康教育的成效，甚至会对幼儿的心理造成伤害。

（二）创造具有安全感的心理环境

幼儿生活的物质环境应具有安全、舒适、卫生、实用等特点，以满足不同幼儿的不同需求。心理环境则包括幼儿生活、学习和游戏的全部心理空间。轻松、和谐、包容的氛围有助于满足幼儿心理安全的需要，培养幼儿的健全人格，建立友好和谐的师生关系、亲子关系及同伴关系。相反，不良的心理环境，比如亲子关系紧张，教师过于严厉，被同伴欺负等，会使幼儿感受到压抑，导致心理和行为问题。当前，我国大多数家庭和幼儿园均在物质环境上极大地满足了幼儿的需求，但在满足心理安全的需求方面却远远不够，如对幼儿内心的感受体察不够，对幼儿的一些看起来"离奇"的想法和行为也缺乏耐心，往往将成人的意志和意愿强加于幼儿，导致幼儿缺乏心理上的安全感。

（三）积极引导幼儿换位思考

换位思考是引导幼儿在一日生活中观察、体验他人感受，激发幼儿与他人情感共鸣的最佳方式。教师和家长要多引导孩子站在对方的立场上看待问题，学会在感知他人情感体验的同时，调整自己的态度和行为方式。换位思考对于幼儿调控自己情绪、提高社会适应能力具有积极作用。

（四）巧妙结合幼儿的日常生活

陈鹤琴先生认为，儿童离不开生活，生活离不开健康教育，儿童的生活是丰富多彩的，健康教育也应把握时机。幼儿健康教育的出发点与归宿是培养幼儿的健康行为，使幼儿养成健康的生活方式。幼儿心理健康教育的根本目的是提高幼儿期的生活乃至整个生命的质量。因此，幼儿心理健康教育是生活教育，应在学习、游戏、锻炼、进餐、盥洗、作息等一日生活环节中渗透，也正因如此，幼儿心理健康教育须家校协同。

三、幼儿心理健康教育的途径

一般来讲，开展幼儿心理健康教育的途径有两种，一种为发展性教育，另一种为补偿性教育。前者主要是面向心理行为正常的幼儿，多为团体性的，通过心理健康教育培养幼儿的积极心理和健全人格；后者主要是面向心理行为存在困扰的个别幼儿，通过有效辅导减少幼儿问题行为的发生。发展性幼儿心理健康教育渗透于幼儿园一日生活全过程、幼儿园教学活动与游戏之中；补偿性幼儿心理健康教育则需要视幼儿个体情况采取个性化的辅导方式。

（一）将心理健康教育渗透于幼儿园一日生活全过程

教师可以在一日生活中渗透心理健康教育，进行随机教育。例如，引导幼儿学会合作，培养幼儿规律的作息习惯等。教师还可以设立生活区，开展编织、种花、小小图书馆等活动，使幼儿在相互合作中锻炼能力，感受集体的力量以及表达和控制自己情感的能力。幼儿的良好习惯与积极品格正是在看似平淡无奇实则充满契机的一日生活中养成的。

（二）将心理健康教育融入幼儿园教学活动与游戏

将心理健康教育融入五大领域教学活动中，不是增加活动环节，也不是替代原有的活动，而是把教学活动内含的、潜在的因素挖掘出来，根据幼儿的心理特点和发展需要，更好地发挥心理健康教学活动的作用。例如，教师可以在活动组织形式上采用融合模式，打破班级界限，实现混班教学，使小班、中班和大班各年级间、各班级间的幼儿共同活动，从而扩大幼儿交往的对象，提高他们的合群性。

游戏是儿童的天性，也是儿童主要的活动形式和探索世界的桥梁。幼儿的游戏具有自发性、自主性的特点。幼儿的游戏发展与心理发展是一个相辅相成的过程。苏联教育学家阿尔金说：“游戏是儿童的心理维生素。”幼儿在游戏过程中不断成长，并随着自身的成长不断变换游戏内容。游戏使幼儿充分发挥想象力并使他们从中获得前所未有的快乐。同时，由于幼儿的语言表达能力尚未完全发展，有时难以清楚地表达自己的内心感受与困惑，成人就可以通过幼儿在游戏过程中所表现出来的行为特征来了解幼儿的心理状况，从而及时地、更好地维护幼儿的心理健康。比如，沙构游戏就是一种幼儿喜闻乐见且乐此不疲的发展性教育游戏。

沙构游戏基于幼儿游戏的本质，充分尊重幼儿的自主性，为幼儿提供自由和受保护的安全空间。该游戏通过投放种类丰富且数量适宜的复合结构材料，不仅可以有效弥补传统玩沙游戏的不足，还可以通过对具象材料进行游戏化操作，增强游戏的吸引力和趣味性。在沙构游戏中，幼儿的注意力保持时间较长，幼儿的主动性和积极性能得到充分调动，进而使其内心世界的表达有一个更为便捷的途径。此外，与绘画等活动不同，沙子本身就是儿童的玩具。幼儿在整个游戏过程中不需要具备任何技能，只要发挥其游戏天性即可，因此沙构游戏可操作性较强。沙构游戏所营造的自由包容的氛围，有助于儿童创造力和想象力的发展。正如卡尔夫所强调的，要尽量为儿童营造一种“自由和受保护”的空间，进而保证其创作过程的自主性和流畅性。在这样的氛围下，儿童可以最大限度地发挥其想象力和创造性，自由地表达自我和情绪感受。玩沙子本身具有很强的趣味性，能有效地激发幼儿的参与兴趣，促进幼儿学习行为的发生。在目前的幼儿游戏中，沙构游戏无疑是最受幼儿喜爱的活动之一，本书将在第四章进行探讨。

（三）补偿性教育

幼儿心理健康教育虽然要面向全体，但是也绝不能忽视个体，对于生理或心理上有困难的幼儿，教师要有针对性地进行补偿性教育。如对幼儿园中那些明显动作不协调、好动分心、脾气暴躁或情绪异常的幼儿，可以进行感觉统合训练。感觉统合训练从改善脑干低层次感觉的过度敏感和不协调动作着手，能有效促进脑神经系统发育。而对于一些有着较为严重的心理和行为问题的幼儿，由于其语言表达能力欠佳，非言语性的辅导与支持是比较适宜的，如沙盘游戏。

沙盘游戏是一种非语言性心理治疗方法，对于幼儿的要求较低，幼儿既无须音乐技能也无须绘画技能，只需在沙盘（一个自由和受保护的空间内）中，使用沙和沙具等材料进行自由创作。教师可以通过幼儿沙盘中沙具的摆放和幼儿对摆放结果的解读来理解幼儿内心的感受，并进行相应的辅导和干预。更为重要的是，沙盘游戏也可以用于健康儿童，使其更好地探索自我，发展自我，疗愈自我。本书将在第五章探讨沙盘游戏。

第三节　幼儿心理健康档案的建立与使用

关键问题

- 建立幼儿心理健康档案的意义是什么？
- 幼儿心理健康档案的基本内容是什么？
- 建立幼儿心理健康档案的途径和方法是什么？

建立幼儿心理健康档案具有重要意义：一是加强幼儿心理健康教育工作、呵护幼儿的心理健康，提高幼儿的心理素质的重要条件和必要保障。二是全面、准确地掌握和了解幼儿的心理发展规律、特点及现状，为幼儿园确立心理健康教育的具体目标、制订教育计划、选择合理的活动方案提供依据，使幼儿心理健康教育工作具有针对性、有效性和前瞻性。同时，还可以反映幼儿的心理变化情况，对有问题行为的幼儿及时采取相应的心理疏导和教育干预，防患于未然。三是，家长也可以通过幼儿的心理健康档案，更好地了解孩子的心理发展规律和特点，发挥幼儿园和家庭的双重力量，有利于幼儿园、家庭形成合力，共同促进幼儿健康发展。

一、幼儿心理健康档案的基本内容

幼儿心理健康档案的内容，应尽可能全面地反映幼儿的心理发展规律和特点，从而为幼儿园和家庭提供可靠、准确的信息。一般来讲，幼儿心理健康档案包括三方面的内容（表 1-3-1）：一是幼儿基本情况，包括幼儿的个人基本信息和家庭背景信息等；二是幼儿生理健康状况，包括幼儿的出生信息、疾病史信息和身体发育状况信息；三是幼儿心理健康状况，包括对幼儿的动作、认知、沟通、情绪等方面的初步评价，幼儿的主要行为表现，以及心理辅导的阶段目标、具体实施过程等。

当教师或家长发现幼儿存在常见的问题行为（如言语问题、多动问题、攻击性行为等）时，要特别关注这些幼儿日常的行为和心理状况，对他们进行个案追踪，及时对他们的行为进行观察和记录，必要时应转介到专业机构进行评估和辅导。表 1-3-1 是幼儿心理健康档案示例。

表 1-3-1　幼儿心理健康档案示例

一、幼儿基本情况							
姓名		性别		出生年月			
园区		班级		当前身高（厘米）		当前体重（公斤）	
家庭住址							
家庭成员	姓名	工作单位			手机号码	学历	
父　亲							
母　亲							
家庭情况	□独生子女　□二胎及多胎家庭（具体说明：＿＿＿＿＿）						
生活起居主要照料人	□父亲　□母亲　□祖辈或其他：＿＿＿＿＿			教育学习主要协助者	□父亲　□母亲　□祖辈或其他：＿＿＿＿＿		
父母婚姻状况	□良好　□离婚　□分居			家庭经济状况	□富裕　□小康　□普通		
二、幼儿生理健康状况							
出生时	□早产　□足月　□晚产			出生体重（公斤）		出生身高（厘米）	
出生方式	□顺产　□剖宫产：原因：＿＿＿＿＿　□其他：原因：＿＿＿＿＿						
过往疾病史	□无　□有：　具体说明：＿＿＿＿＿						
过往用药史	□无　□有：						
过　敏	□无　□食物：　□药物：　□其他：						
饮食喜好	□正常　□偏食，　具体说明：＿＿＿＿＿						
健康情况	□健康或良好　□一般或较弱　□有慢性病：＿＿＿＿＿　□残疾：＿＿＿＿						
视　力	□正常　□近视　□远视　□弱视　□其他：＿＿＿＿			口　腔	□健康　□有龋齿		
三、幼儿心理健康状况							
1. 动作能力	□好　□较好　□一般　□较弱　□弱　具体说明：＿＿＿＿＿						
2. 认知能力	□好　□较好　□一般　□较弱　□弱　具体说明：＿＿＿＿＿						
3. 沟通能力	□好　□较好　□一般　□较弱　□弱　具体说明：＿＿＿＿＿						

续表

4. 情绪能力	□好　□较好　□一般　□较弱　□弱　　具体说明：________
5. 同伴交往	□好　□较好　□一般　□较弱　□弱　　具体说明：________
6. 感官功能	□好　□较好　□一般　□较弱　□弱　　具体说明：________
7. 生活自理能力	□好　□较好　□一般　□较弱　□弱　　具体说明：________
心理健康测评	使用量表名称：________测评结果：________
主要行为表现	（幼儿在园情况描述，文字描述，或以照片 / 视频佐证）
家园访谈记录	（幼儿在家情况描述，文字描述，或以照片 / 视频佐证）
原因分析	
预期目标	1. 愿意与老师交流，表达自己的需求 2. 鼓励欣欣与同伴互动，体验交往的乐趣 3. 与同伴友好交往，不争抢玩具

阶段	阶段目标	具体措施
第一阶段 3 月 15 日—4 月 25 日	愿意与老师交流，表达自己的需求	老师主动向欣欣问好，关注欣欣的情绪与需求，每天晨间来园时与欣欣交谈，说说让她开心的事情、喜欢的东西，拉近与欣欣的心理距离。 当欣欣愿意表达时，老师会鼓励欣欣："欣欣，你的声音真好听，老师喜欢听你说话，你有什么想说的，可以随时来告诉老师。"
第二阶段 4 月 26 日—5 月 31 日	鼓励欣欣与同伴互动，体验交往的乐趣	在平时的活动、游戏中，老师会多给欣欣创造一些与同伴玩游戏的机会，鼓励欣欣和其他小朋友共同游戏，也会请善于交往的小朋友邀请欣欣共同游戏。刚开始，欣欣会在边上旁观，老师会走到欣欣身边询问她"是不是也想跟小朋友一起玩"。同时，在集体活动或区域活动时，老师会特别邀请欣欣在集体面前展示自我，帮助欣欣融入集体
第三阶段 6 月 1 日—6 月 30 日	与友好同伴交往，不争抢玩具	老师引导欣欣与同伴友好交往，对欣欣与同伴分享玩具、图书等行为给予肯定，鼓励欣欣的正向行为；当欣欣与其他小朋友发生冲突时，尝试引导她用协商、交换、轮流或者合作的方式解决冲突；同时，引导欣欣换位思考，欣欣有争抢等不友好行为时，老师会问问她："假如你是那个小朋友，你有什么感受？"尝试让欣欣学习理解他人的感受和想法

续表

成效小结	经过三个阶段的干预，欣欣相较之前，更开朗、活泼，来园时会主动与老师打招呼，遇到困难也会主动向老师求助，与老师的关系比之前亲近了很多。同时，欣欣也非常乐意与小朋友们一起游戏，游戏过程中的分享、轮流等亲社会行为增多，虽然偶尔还是会有争抢、霸占的行为，但在老师的引导下，欣欣能够及时地改正

记录教师：　　　　　　　　记录时期与时间：

二、资料获取的途径和方法

幼儿心理健康档案一般在幼儿入园时建立。因幼儿的认知水平有限，心理健康档案的大部分信息均来源于父母或教师。教师在园常见的获取幼儿心理健康信息的方法主要包括：观察法、问卷法、访谈法、作品分析法和心理测验法。

（一）观察法

观察法是指有目的、有计划地运用感官或借助一定的辅助工具对处于自然状态下的研究对象进行系统的感知、描述、判断，从而获得资料的一种方法。幼儿心理健康档案一般由教师记录。

教师可以通过等级评定、事件取样法、轶事记录法等方式，记录观察信息。例如，教师可以将幼儿对某种事物的喜欢程度分为不喜欢、不太喜欢、一般、有点喜欢、很喜欢；教师也可以事先将要观察的幼儿的行为列出来，一旦幼儿出现目标行为，就记录下该行为出现的次数；教师还可以把观察到的幼儿的行为，以叙述性文字的形式进行记录，包括幼儿的姓名、性别、班级等个人信息，行为观察的时间、行为发生的具体情境等细节性信息，以及教师对此行为的解释与建议等。

（二）问卷法

问卷法是指通过问卷直接从调查对象处收集资料的方法。在建立幼儿心理健康档案的初期，通常采用问卷法向幼儿的父母收集与幼儿相关的信息，如幼儿的个人信息和家庭背景信息、行为习惯等。

（三）访谈法

访谈法是指通过访谈者和受访者面对面进行交谈来了解受访者的心理和行为的研究方法。因研究问题的性质、目的或对象不同，访谈法有不同的形式。一般来讲，在建立幼儿心理健康档案的过程中，教师要视需要对幼儿及幼儿的父母进行有针对性的访谈，以深入了解幼儿。

（四）作品分析法

作品分析法是指借助幼儿作品来获取信息的方法。例如，通过对幼儿的绘画作品、手工作品等进行分析，教师可以了解幼儿的心理活动。这一方法通常由受过专业训练的教师进行。

（五）心理测验法

心理测验法是根据个体对心理测验题目的作答情况来推断其心理发展状况的方法。心理测验法是建立心理档案的常用的方法，但是由于受幼儿自身的认知发展限制，建立幼儿心理健康档案时所需的很多信息，无法以幼儿直接报告的方式获取，而是由其父母报告或教师报告，这也是目前进行幼儿研究的主要方式之一。

采用上述方法获取资料之后，教师就需要对其进行解释，分析其行为的形成原因，然后科学地、有针对性地提出教育建议和辅导策略。我们建立幼儿心理健康档案的目的是更好地助力幼儿发展。因此，建立幼儿心理档案是手段，提出教育建议和辅导策略才是根本。

思考题

一、名词解释

心理健康；心理健康教育；幼儿心理健康档案；作品分析法

二、简述题

1. 如何理解心理健康的标准？
2. 幼儿的心理健康有什么特点？
3. 开展幼儿心理健康教育需要注意哪些问题？

三、案例分析题

阳阳3岁了，刚进入幼儿园不久，老师就发现他与其他孩子不太一样。上课时，他不能安静地待着，总是在座位上来回移动，手脚忙个不停。游戏时，他也不能集中注意力，总是半途而废，手里的玩具玩一下就会丢开。家长反映他在家时也是蹦蹦跳跳的；而且很爱发脾气，他的要求必须立即得到满足，否则就叫喊哭闹，没有耐心；平时穿衣服、扣扣子或系鞋带时，动作缓慢，还容易扣错。

第一章答案

请对阳阳的情况进行分析，并采用合适的方法为其建立心理健康档案。

第一节　教育观察的价值与方法

第二节　幼儿情绪的教育观察

第三节　幼儿教育观察与评估的常用工具

第二章

幼儿心理健康的教育观察

学习目标

1. 理解教育观察的价值与方法。
2. 掌握观察和辨别幼儿情绪的方法。
3. 了解幼儿心理健康评估的常用工具。

思维导图

- **幼儿心理健康的教育观察**
  - **教育观察的价值与方法**
    - 为什么要观察幼儿
    - 通过观察幼儿，教师能了解什么
      - 了解幼儿的发展水平
      - 了解幼儿的个性品质
      - 了解幼儿正在建构的信息和知识
    - 如何成为合格的观察者
      - 有目的、有计划
      - 掌握基本的观察方法
      - 充分的专业准备
    - 如何进行专业辨别与分析
      - 做好专业准备，读懂幼儿行为
      - 通过游戏进行专业辨别和评估
      - 通过实践—反思—再实践的不断循环，提升辨别、分析能力
  - **幼儿情绪的教育观察**
    - 幼儿情绪发展的基本特点
      - 情绪的外显性
      - 情绪的冲动性
      - 情绪的不稳定性
      - 自我意识情绪逐渐增多
    - 幼儿常见情绪的观察与辨别
      - 分离焦虑
      - 暴怒发作
    - 幼儿积极情绪的培养策略
      - 引导幼儿识别情绪
      - 给予正面肯定和鼓励
      - 示范正向情绪
      - 帮助幼儿调控情绪
  - **幼儿教育观察与评估的常用工具**
    - 学龄前儿童行为量表
      - 主要内容
      - 评分规则
    - 中国学龄前儿童气质量表
      - 主要内容
      - 评分规则
    - 中国城市幼儿情绪及社会性评估量表
      - 主要内容
      - 评分规则

第一节　教育观察的价值与方法

关键问题

- 为什么要观察幼儿?
- 通过观察幼儿，教师能了解什么?
- 如何成为合格的观察者?

《3—6岁儿童学习与发展指南》明确指出："健康是指人在身体、心理和社会适应方面的良好状态。幼儿阶段是儿童身体发育和机能发展极为迅速的时期，也是形成安全感和乐观态度的重要阶段。发育良好的身体、愉快的情绪、强健的体质、协调的动作、良好的生活习惯和基本生活能力是幼儿身心健康的重要标志，也是其他领域学习与发展的基础。"幼儿园必须把保护幼儿的生命和促进幼儿的健康放在工作的首位。

幼儿正处在心理成长发展的关键期，具有巨大的发展潜力，可塑性强，但由于心理发育极不成熟，自我调节、控制水平较低，自我意识还处于萌芽状态，极易受环境等不良因素的影响。因此，在一日生活中进行幼儿心理健康的观察和辨别是十分有必要的。

教师除了需要为幼儿做好生活、学习、游戏、运动等方面的准备之外，还肩负着观察和研究幼儿，并助推幼儿在原有水平上进一步发展的重要职责。《幼儿园教师专业标准（试行）》也多次提到教师作为观察者的责任：掌握观察、谈话、记录等了解幼儿的基本方法；在教育活动中观察幼儿，根据幼儿的表现和需要，调整活动，给予适宜的指导；有效运用观察、谈话、家园联系、作品分析等多种方法，客观全面地了解和评价幼儿。

一、为什么要观察幼儿

观察是为了更好地了解和支持幼儿。教师通过一日活动进行观察，可以看见幼儿真实的行为表现、兴趣、需求，了解其语言、思维、社会交往、情绪情感等方面的直接表现。

观察是了解和理解幼儿心理健康的基本路径。观察幼儿是了解幼儿的前提，了解幼儿是理解幼儿的基础。然而，观察还必须建立在真实的基础之上，只有基于对幼儿真实行为表现、情绪情感等的观察，教师才能进一步分析、解读幼儿心理健康状况，从而更好地理解和支持幼儿的进一步发展。

特别的孩子

一直沉默，却忽然"独自狂欢"

磊磊，一个刚上幼儿园一个多月的小班男孩。他经常独自呆坐，偶尔会围着桌子绕圈跑，不和同伴玩，也不回应老师的要求。

今天是第一次玩沙。他拿着一把铲子独自铲着沙子，很安静。忽然，他开始哼唱起来："啦啦啦，啦啦啦啦……"我惊奇地抬头看了看他，并回应他"啦啦啦"，他对我笑了笑。沙池里的小朋友也开始"啦啦啦"地唱了起来。磊磊看着大家，笑了笑，然后更大声地哼唱着。过了会儿，他站起来拿着铲子竖在嘴边，大声地嘶喊："呦！呦！"他瘦瘦的脖子上青筋暴起，就这样对着沙池嘶喊。

沙子是沟通人的意识与无意识的世界，沙子的流动性给人带来生命感与自由感。玩沙活动给磊磊提供了宽松、自由、安全的心理环境。他在柔软、流动的沙子上来回摆弄铲子，情绪得到极大释放。当教师回应他，他便更大声地哼唱，还抬头望望周边的环境，最后竟情不自禁地站起来对着沙池嘶喊。玩沙时，磊磊展现真实的自我，他的嘶吼声似乎在说："我是存在着的！我想被关注！"所以，教师应做好他的陪伴者，给他存在感与关注。

从这个案例可以看出，教师对幼儿的观察、回应、引导与支持是有效的。

二、通过观察幼儿，教师能了解什么

无论观察记录是为评价服务还是为课程设计服务，教师都要对幼儿有更多的了解。通过日常对幼儿的密切观察，教师能了解到什么呢？

（一）了解幼儿的发展水平

观察幼儿在一日生活、游戏和各种活动中的参与情况是收集幼儿各方面能力发展信息的一种方法。幼儿一日生活的各个环节都值得被珍视。以下是一日生活中教师对一个小朋友的观察记录。

特别的孩子

情绪不稳定的小陶

事件一：某次教学活动，一个话题让孩子们非常开心，小陶一边笑一边躺在地上打滚，边上的孩子说："小班的小朋友才会躺在地上，小陶是小班的小朋友吗？"小陶听完，气呼呼地爬起来，非常生气地从后门走出了教室，接着反复从前门进来又从后门出去，我多次想要叫住他与他沟通却没能成功，他一边走一边自言自语："哎呀，谁叫他们说我的。"当他发现我跟着他绕圈时，他反而笑了起来，加快了转圈的步伐，直到转了大约十圈，他才走进教室，但是他没有继续参与教学活动，而是一个人跑到阅读区一边咬手指甲一边看书。

事件二：某天午餐时间，小陶看到了照顾餐有他爱吃的肉，于是跟保育老师要肉吃，但是照顾餐只有部分有特殊情况的孩子才有一份，保育老师没有办法给小陶。小陶因此拒绝吃午饭并号啕大哭起来，他一边大声哭闹一边跟在保育老师后面，一边嘴里嘟囔着："我就要，我就要。"主班老师对小陶进行了安慰与沟通，小陶的情绪依然没有好转，哭闹累了就歇一会儿，接着继续哭闹，直到午睡前播放他爱听的睡前故事时，他的情绪才开始稳定下来。

案例中的小陶是本学期新转来的孩子，在情绪与习惯方面都存在一定的问题。在家校沟通时，小陶的妈妈对小陶以往的情况并不愿过多透露，但对于孩子目前的各种情况比较上心，配合度较高。小陶存在多种问题导致其他孩子对他的印象不是特别好，很少有孩子会主动找他一起做游戏，这一情况使小陶感到焦虑。小陶的爱好是看书，同时这也是他稳定情绪和逃避问题时常用的一种方式。

从案例一中可以发现，小陶非常在意他人的看法，抗挫能力有待提高，且调节情绪的能力较弱。他总是会有一些不符合场合的行为，完全没有注意他发泄情绪的方式给其他孩子带来的影响，且在生气发泄式的转圈后觉得这样的行为非常有趣，忽视了其他孩子的感受。

从案例二中可以发现，小陶不仅情绪管理能力较弱，且以自我为中心，为了得到自己想要的东西会用哭闹的方式解决问题，在保育老师和主班老师向他解释及安慰过后，小陶依然发泄式地哭闹，并试图用这样的方式获得他想要的东西。

（二）了解幼儿的个性品质

通过观察，教师可以了解幼儿的性格和喜好。在观察时，教师要密切关注每名幼儿能够做什么，他是怎么做的以及他是如何表达兴奋、喜悦、好奇和平静的，这使得教师对于幼儿是谁、幼儿喜欢什么有更清楚的了解。

特别的孩子

追求完美的珂珂

在一次美术专用室活动中，珂珂选择了自己非常喜欢的超轻黏土任务。珂珂说："我想做一个粉色的作品。"阿宝说："我想做一个机器人。"欣欣说："我想做一个小花篮。"三个人在笑声中各自开始制作。很快，美术活动结束了，在回教室的路上，珂珂的作品不小心倒了，回到教室后珂珂大发脾气，把自己的作品直接扔了出去，一边哭一边喊道："我不要这个作品，我要重新做，这个太难看了。"

爱发脾气是幼儿常有的现象，但珂珂总是会因为一点小事而大发脾气。在她的作品倒了时，小朋友劝她："没关系的，等下回去教室让老师帮忙修一下。"可是珂珂听不进劝说，只会自己发脾气。教师与她的妈妈交流得知，珂珂平时在家也是这样，遇到一点不开心的事情就会发脾气、扔东西、大喊大叫、乱跑。而且她平时在家里发脾气时喜欢听好话，喜欢大人哄着她。

遇到这样的情况教师该怎么做呢？

第一，当幼儿发脾气时，先采取共情的方式，给予幼儿支持性回应。

第二，鼓励幼儿用语言表达情绪，学习正确表达情绪。

第三，丰富幼儿表达需求的方式。

第四，家园共育，帮助幼儿改掉乱发脾气的习惯。这个过程一般很长，需要教师和家长的耐心与坚持。

（三）了解幼儿正在建构的信息和知识

在一日活动中，通过观察幼儿游戏和对游戏材料的运用，教师可以了解哪些信息和知识是他们准备获取的、哪些技能是他们准备运用的。

特别的孩子

自信的五彩气球——一个不善于绘画的小班幼儿

雨天的午后，乐乐来到走廊上写生。看到别人内容丰富的画，他依旧坚持画自己的个性画——画圈，无数大小不一的圈。妞妞走过来看了说："你怎么总是画圈圈？"乐乐听了不服气，用急促且稚嫩的语气说："这是我的一家人，我自己、爸爸、妈妈，还有小弟弟。"妞妞凑上前说："你家里人都是这样圆圆的？连件衣服都没有？不好看，都没有颜色，都是黑黑的！"乐乐听完，沉默不语，悄悄地翻过了一页，开始东张西望。

忽然，壮壮说："看，那里有很多彩色气球，飘来飘去，我最喜欢蓝色的。"妞妞也说："真好玩，它们就好像荡秋千一样，我最喜欢那个粉色的。"乐乐猛然转头，两眼放光，立马画一个大圆，里面又加了一个小圆，然后开始涂色。涂完以后乐乐开心地喊起来："我画了一个五彩的气球，五彩的气球！我自己画的，我最喜欢的！"说完拿着作品和大家讨论起来了。

在被同伴嫌弃时，乐乐没有发脾气，因为不自信，他选择逃避。当他在同伴的发现中找到了作画点，并画出自己擅长且和其他人不一样的气球时，他一下有了自信心，在作品完成后大声宣告自己的得意之作。乐乐是那么开心，那么满足。

三、如何成为合格的观察者

深度洞察幼儿成长：一场户外行为解析

在幼儿的一日活动中，教师要成为一名合格的观察者，应该明确观察的注意点、观察什么以及如何观察。只有牢牢把握观察的核心，了解观察的内容，明确观察的路径和方法，才能真正了解信息，实现观察的目的。具体而言，一名合格的观察者应做到以下几点。

（一）有目的、有计划

为了让观察更聚焦，教师在观察前应该制订明确的目标和计划，比如，观察对象、观察点、观察位置、观察时间、观察方法，以及通过观察想了解哪方面的情况等。

（二）掌握基本的观察方法

在对幼儿进行心理健康观察时，教师可采用的观察方法有很多，按观察幼儿的数量由多到少划分，观察方法主要涉及扫描观察法、定点观察法、追踪观察法。扫描观察法，是指在固定的时间段里依次对幼儿进行观察，这种方法可以帮助教师粗线条地了解全班幼儿的情况。使用这种方法时，教师应确保所有的幼儿均在自己的视线范围内，一般 5～10 分钟为一个单位。定点观察法，是指选择某个区域在一段时间内系统、细致地观察，观察对象包括此区域内的所有幼儿或部分幼儿。这种方法便于教师了解某个区域幼儿游戏的全过程，以便把握幼儿游戏的兴趣、水平、个体差异以及各种行为表现。追踪观察法，即定人观察法，是指明确将某个幼儿作为观察对象之后，幼儿走到哪儿，教师就跟踪到哪儿，并进行系统、细致的观察的一种方法。这种方法有助于教师了解个别幼儿的游戏状态及行为表现，是进行个案研究最好的方法。

必要的观察工具可以有效提高观察的质量，如观察所需的各类检核、发展手册等。在观察中，教师除了需要掌握观察方法、工具之外，最重要的是沉下心来做沉浸的观察者，走近幼儿、深入观察幼儿，从而更好地理解幼儿的行为，更准确地识别幼儿当下的发展状态。

另外，观察不只是要用眼睛看，还要充分调动多种感官，从而获得综合感知。也就是说，观察除了要用眼睛去看，还要用耳朵去倾听，用感知觉去觉察，用适宜的观察工具去记录。

（三）充分的专业准备

教师在观察之前，应该做好充分的专业准备，了解该阶段幼儿的年龄特点、发展特点、学习特点、经验水平，以及各类游戏发展水平等。例如，在观察小班年龄段幼儿游戏时，教师需要了解：小班幼儿主要处于平行游戏阶段，他们满足于操纵、摆弄物品；对物品的需求是"别人有的，我也要有"，所以教师要准备充足的物品。

教师在观察幼儿时，还应保持积极乐观的情绪状态，以亲切和蔼、支持性的态度和行为与幼儿互动，平等地对待每一名幼儿，确保幼儿在一日活动中能够放心大胆地表达真实情绪。当教师时刻想与幼儿待在一起，并对他们表现出来的行为保持开放和有准备的心态时，教师就有可能成为专业的观察者。

四、如何进行专业辨别与分析

为了使幼儿在身心上得到全面、和谐的发展，幼儿教师需要具有正确辨别、评价幼儿心理健康的能力，能使用不同方法对幼儿的动作、认知、情绪、人际关系、自我意识等方面的发展进行评价，并根据不同幼儿的不同需求开展心理健康教育，以便对幼儿的心理问题及时做出判断，做到早发现、早干预。

（一）做好专业准备，读懂幼儿行为

教师想要读懂幼儿的行为，需要做好诸多方面的专业准备。

首先，要了解幼儿的发展水平和特点，熟练地掌握《幼儿园教育指导纲要（试行）》《3—6 岁幼儿学习与发展指南》等指导性文件。如《3—6 岁幼儿学习与发展指南》全面系统地阐述了 3—6 岁幼儿在健康、社会、语言、科学、艺术五个领域的发展目标及每个目标的典型行为表现，这些都有助于教师了解该年龄段幼儿大致的学习与发展水平、行为特点，为教师分析幼儿提供了直观的参照和依据，是教师分析幼儿游戏行为的有力抓手。除了共性的发展特点之外，因为幼儿年龄尚小，各方面的发展还不稳定、不平衡、不成熟，每个幼儿受环境、家庭教养方式等的影响，存在着一定的发展差异，所以教师还需要关注每个幼儿发展的个体差异和个性特点。

其次，教师还要持续地、多角度地收集幼儿发展信息和资料的意识。要想了解幼儿的真实发展水平和特点，教师需要进行长期观察，多角度、多层次地收集信息，呈现幼儿在不同的活动、同一活动的不同时段以及同一活动的不

同发展方向上的表现等，从而勾画出幼儿真实的发展全貌。切忌仅凭一次观察就“以偏概全”地对幼儿心理健康的发展水平和特点下结论。

（二）通过游戏进行专业辨别和评估

在游戏中，幼儿能够自然地表达自己内心的情感，教师可进行最直接的观察、评判，从而发现幼儿的问题，如学习障碍、多动、社交障碍、情绪焦虑等。观察是教育科学研究中最基本、最普遍的一种方法，是在教育研究中搜集资料的基本途径。因此，观察是对幼儿游戏中的一系列问题进行诊断最直接、最有效的方法。

下面介绍两种在游戏中对幼儿心理健康进行评估的方法。

1. 社会性发展的观察

美国心理学家帕滕将幼儿的游戏发展分为六个水平，教师可以根据这六个游戏水平的操作定义对幼儿的游戏类型进行评判，以判断幼儿的社会性发展水平。例如，旁观游戏和单独游戏多见于幼儿初期，如果一个中、大班幼儿独自游戏时间过长，与其他幼儿游戏的合作性较差，这应当引起教师的足够重视。教师可以用幼儿游戏类型观察记录表（表 2–1–1）对幼儿的游戏类型进行记录，以便对幼儿的社会性发展水平做出评估。当然，教师在对幼儿的社会性发展水平进行评估时，也要充分考虑幼儿社会性发展水平的年龄差异与地区差异。

表 2–1–1　幼儿游戏类型观察记录表

被试游戏类型	偶然	旁观	单独	平行	联合	合作

2. 认知发展的观察

象征性游戏是幼儿主导的游戏，因此，对幼儿的象征性游戏进行观察能够了解幼儿认知发展状况。对幼儿象征性游戏进行观察，首先要了解幼儿象征性游戏的基本特征和发展状况。教师应重点记录幼儿在游戏中扮演的角色，在游戏中如何运用玩具、角色扮演成分、幼儿的想象能力、幼儿情绪的表达以及幼儿在游戏中与同伴的关系等。如果幼儿在游戏中发生争执，教师应对争执的内容进行重点记录，以便事后具体分析。表 2-1-2 是“娃娃家”游戏观察记录表。

今天我当家：“娃娃家”游戏观察记录表

表 2-1-2　“娃娃家”游戏观察记录表

观察时间：	观察日期：	观察者：
开始时间：	结束时间：	
被观察幼儿姓名：	年龄：	性别：
行为类型	客观描述	判断、评价与解释
象征性地运用玩具		
角色扮演		
动作与情境替代		
社会交往		
言语交流		
情绪表达		

特别要强调的是，教师对幼儿言语进行记录时要忠于幼儿的原话，不能靠自己的理解来记录，以便进一步分析，必要时可以使用记录工具，如录音笔、照相机、摄像机等。通过幼儿在“娃娃家”游戏中的各种表现，教师可以对幼儿的认知发展水平进行辨别和评估。

（三）通过实践—反思—再实践的不断循环，提升辨别、分析能力

教师要提升幼儿心理健康的专业辨别与分析能力应做到：通过观察积累丰富的幼儿行为表现、存储大量不同年龄幼儿在不同领域发展的典型表现、了解不同行为背后折射的领域特点和关键价值；在观察、分析、实践、改进、再观察、再分析、再实践、再改进的持续循环中不断思考、不断提升自身的分析能力；大量地阅读、不断反思，和同伴以及专家形成研究共同体。

第二节　幼儿情绪的教育观察

关键问题

- 幼儿的情绪发展有哪些基本特点？
- 如何观察与辨别幼儿常见的情绪问题？
- 怎样培养幼儿的积极情绪？

情绪，是一种内部的主观体验，是人对客观事物的态度体验以及相应的行为反应，是以个体愿望和需要为中介的一种心理活动。情绪具有独特的生理唤醒、主观体验和外部表现。符合主体的需要和愿望时，个体会产生积极的、肯定的情绪，相反就会产生消极的、否定的情绪。①

情绪是人类早期赖以生存的手段。婴儿出生时，不具备独立的生存能力和言语交际能力，主要依赖情绪传递信息。成人也正是通过婴儿的情绪反应，判断婴儿的生理需要的。3—4 岁幼儿的情绪，则逐渐从表达生理性需要逐渐过渡到期待获得社会性需要，尤其是到了中、大班，幼儿的社会性需要越来越多，对情绪的影响也越来越明显，幼儿希望被人注意、关爱，有强烈的社交意愿。在幼儿的社会交往中，情绪体验无处不在，情绪有着特殊、重要的地位。幼儿长期反复体验同一种情绪状态，情绪就会逐渐稳定下来，形成情绪特征，而情绪特征是幼儿性格结构、人格发展的重要组成部分。

一、幼儿情绪发展的基本特点

良好的情绪是心理健康的重要标志，积极愉快的情绪能明显促进幼儿的身心发展，而长期的恐惧、焦虑等负面情绪可能会导致幼儿心理活动失衡，影响身心健康。在观察识别幼儿的情绪表现前，教师应知晓幼儿的情绪发展特点，剥离错综复杂的现象，理性看待幼儿的情绪表现。

---

① 希奥塔，卡拉特. 情绪心理学：3 版［M］. 周仁来，等译. 北京：中国轻工业出版社，2021：187.

（一）情绪的外显性

婴儿期和幼儿早期时，儿童对自己的情绪体验通常是不加掩饰和控制的，完全表露出来，这就是情绪的外显性。这样的特点也有利于成人及时关注幼儿，给予适当的引导和帮助。

随着语言和心理活动有意性的发展，到了大班，幼儿对情绪的自我调节能力逐渐增强，情绪表现开始内隐化，这时就需要成人更加细心地观察和识别幼儿内心的情绪体验。

（二）情绪的冲动性

由于幼儿早期的大脑皮质兴奋容易扩散，此时幼儿的情绪冲动易变，常常处于较易激动的情绪状态中。在日常生活中，幼儿往往由于外界刺激而兴奋，情绪冲动强烈，会通过过激的动作和行为来表达自己的情绪。

随着年龄的增长，幼儿脑发育的成熟以及语言的发展，幼儿对情绪的控制从被动地服从成人的指令，逐渐向自主调控情绪发展。

例如，2—3 岁时，幼儿看见喜爱的玩具会吵着要买，但到 4—5 岁时，幼儿会用语言自我安慰："爸爸说过只能买一样玩具，我已经买过了，不能再买了。"成人持续地教育、恰当地引导，以及幼儿园的集体生活，都有助于缓解幼儿情绪的冲动性，培养幼儿自我控制情绪的能力。5—6 岁时，幼儿的情绪冲动性逐渐减弱，情绪调控能力逐渐增强。

（三）情绪的不稳定性

婴幼儿的情绪是非常不稳定且短暂的，正如俗语所说的"孩子的脸，六月的天"。即使是两种对立的情绪也容易在短时间内相互转换。幼儿情绪的不稳定性具体表现为：

（1）情绪变化受情境影响。幼儿的情绪常常受外界情境的支配，某种情绪随着情境的出现而产生，又随着情境的变化而消失。例如，小班幼儿入园时，在家长送园未离开时，幼儿情绪激动，哭闹不止，但当家长离去，幼儿与教师、同伴游戏后，情绪便会马上恢复平静；两位幼儿因争抢玩具而吵架，可转眼之间，他们又和好在一起玩耍了。这种情况在学前儿童身上是较为常见的，而且年龄越小，此类表现越为明显。

（2）情绪容易受到感染和暗示。这个特点在幼儿早期特别明显。例如，小班幼儿入园，情绪平复后，在看到其他幼儿哭泣时，还可能出现集体都哭起来的情况。进入中大班后，幼儿情绪的稳定性逐渐提高，受情境的影响和周围情绪的感染会逐渐减弱，但仍然容易受到家长和教师的影响，因此，家长和教师要注意在幼儿面前控制自己的负面情绪。

（四）自我意识情绪逐渐增多

除了喜、怒、哀、惧等基本情绪，儿童随着自我意识的发展，会出现更高级的情绪，包括羞怯、尴尬、内疚、嫉妒、自豪等自我意识情绪。[①] 当幼儿对成人的赞扬、责备越来越敏感后，会体验更多的自我意识情绪。例如，当幼儿弄坏了教室里的玩具、教师询问情况时，幼儿会感到内疚，会不自主地低下头，低声说“对不起，我做错了”；当幼儿完成了一幅画作或成为小助手而得到教师表扬时，他会感到自豪。

自我意识情绪与自我评价有着非常明显的相关，而幼儿仍然依赖成人的评价反馈，因此教师和家长的评价对幼儿自我意识情绪的发展有着重要作用。

幼儿情绪探索：从手工制作中获得喜悦到应对挑战

二、幼儿常见情绪的观察与辨别

基于对幼儿情绪发展特点的了解，教师需在一日生活中细心观察并记录幼儿的情绪反应，可通过幼儿情绪观察检核表（表 2–2–1）进行初步辨别，并分析幼儿情绪产生的原因。

表 2–2–1　幼儿情绪观察检核表

幼儿姓名：＿＿＿＿＿　　性别：＿＿＿＿＿　　年龄：＿＿＿＿＿

所在班级：＿＿＿＿＿　　观察日期：＿＿＿＿＿　　观察教师：＿＿＿＿＿

序号	情绪参照点	是	否
1	情绪表现与年龄相符		
2	能准确理解自己的情绪		
3	能准确理解他人的情绪		

① 贝克 . 婴儿、儿童和青少年［M］. 桑标，等译 . 上海：上海人民出版社，2014：324–325.

续表

序号	情绪参照点	是	否
4	能控制自己的情绪		
5	能用语言表达自己的情绪		
6	情绪表达方式合理		
7	自我情绪调节的方法合适		

情绪表现描述：

情绪行为解释：

教师在观察幼儿情绪时，可重点观察以下要点：

（1）幼儿的情绪表现。幼儿的情绪是什么，幼儿能否理解情绪，能否准确识别自己和他人的情绪。

（2）情绪形成的原因。原因分析不能仅仅停留在情绪本身，还需要分析幼儿产生负面情绪的成因，以便针对性地进行教育引导。

（3）情绪表达的方式。情绪没有好坏之分，但情绪表达方式存在好坏之分，即能否适度、合理地表达。如果情绪表达的方式伤及自身或他人，需要立即制止。

下面以幼儿分离焦虑、暴怒发作两种较为常见、典型的情绪问题为例，加以说明。

（一）分离焦虑

分离焦虑是指幼儿因离开所依恋的对象，表现出紧张、不安、焦虑或有不愉快的情绪反应。分离焦虑常见于幼儿园小班，部分升入中班的幼儿刚开学时偶有分离焦虑现象。短暂的分离焦虑是一种正常的行为表现，如果不安情绪长期存在，并影响了正常生活，出现头疼或胃痛、对依恋对象纠缠不休等现象时，分离焦虑就发展为分离焦虑症。

特别的孩子

我不要上幼儿园

小班幼儿毛毛上幼儿园已有3个月，每天入园时都会紧紧地抓着妈妈或者奶奶，哭喊道："妈妈，奶奶，我不要上幼儿园！我不要上幼儿园！"老师想把毛毛抱进教室时，毛毛会拼命拉住妈妈的手，闭起眼睛，仰起头大声哭喊。老师拥抱安慰毛毛，用玩具吸引毛毛的注意力，在毛毛情绪即将平复下来时，毛毛看到了躲在窗外偷偷看他的奶奶，毛毛立即大声哭喊起来："奶奶，我要奶奶。"

我想妈妈了

小班幼儿芸芸入园时情绪比较稳定，但每当准备午餐、午睡时，芸芸都会红着眼小声抽泣说："我想妈妈了。"其他几位幼儿看到芸芸哭泣后，也哭了起来。老师了解到，芸芸没有自主进餐的习惯，都是妈妈喂的，还比较挑食，也没有午睡习惯，作息时间与幼儿园相差较大。

毛毛和芸芸两位小班幼儿的哭闹情绪主要是由分离焦虑引起的，这在幼儿园很常见。小班幼儿第一次全天离开父母，进入陌生的环境，巨大的变化会让孩子产生焦虑情绪，同时小班幼儿的情绪控制能力本身比较弱，往往会以哭闹的方式来宣泄自己的负面情绪，教师应予以接纳、理解和关爱。

为有效缓解幼儿的分离焦虑，教师可以这样应对：

（1）开学前进行家访。教师主动向幼儿介绍自己，在幼儿熟悉的环境中与其交谈、游戏，了解幼儿的兴趣爱好以及生活习惯；介绍幼儿园的环境，以此拉近师幼的心理距离。

（2）进门给幼儿一个爱的抱抱。教师主动与幼儿打招呼、夸一夸幼儿，接纳孩子的情绪，与孩子建立信任感，同时示意家长尽快离开，避免成人的焦虑情绪再次影响幼儿。

（3）创设温馨的环境迎接幼儿。教师可以放置一些柔软的垫子、毯子，播放舒缓的音乐，留出一面"家庭墙"，张贴幼儿的全家福，拉近幼儿园与家的距离。

（4）带领幼儿熟悉幼儿园环境。教师可以带着幼儿熟悉教室、活动室、户外操场等，缓解幼儿对幼儿园的陌生感，加深幼儿对幼儿园的美好印象。

（5）家园沟通，协同共育。面对分离，很多家长比幼儿更焦虑，这样更容易让幼儿不安。所以，教师要建议家长调整好自己的情绪与心态，坚定送园；调整每日作息，使作息与幼儿园保持同步，培养良好的生活自理能力（自主如厕、进餐、午睡等）；借助绘本故事《魔法亲亲》《我爱幼儿园》等缓解幼儿的焦虑情绪。教师则可以将幼儿在园的愉快时光用照片、视频的方式发送给家长，缓解家长的焦虑。

（二）暴怒发作

暴怒发作是指幼儿在个人需求或愿望没有得到满足时，或者在某些方面受到挫折时，出现哭闹、尖叫、在地上打滚、用头撞墙、撕扯自己的头发或衣服，以及其他发泄不愉快情绪的失当行为。[①]

特别的孩子

打滚的佳佳

佳佳是一名中班幼儿，大部分时间由祖父母养育，祖父母对其十分宠爱。一次美术活动中，佳佳因使用不好剪刀而大发脾气，老师走到佳佳身边，手把手教她如何使用剪刀，佳佳再次失败后，一边哭一边在地上打起滚来，嘴里喊道："我不要剪，我就是不要剪！"家长反映佳佳平时在家，当需求得不到满足时，或遇到不会做的事情时，就会在地上打滚，以此来宣泄自己的情绪，达到自己的目的。祖父母手足无措，最终都以妥协的方式进行安抚。

我不会跳绳

晨间活动，大班幼儿奇奇正在学习跳绳，"啪"跳过一个，跳第二个时脚被绳子绊住。老师鼓励奇奇"没事，重新来"，第二次跳过两个，第三次跳过两个。突然，奇奇坐到地上哇哇大哭起来，边哭边大声地喊："我不会跳绳，我不会跳绳，我好生气。"老师多次安抚引导无效，奇奇哭闹持续了十余分钟。老师发现，奇奇遇到不如意的事情时，常常以哭闹的方式来应对，比如午睡后不愿意起床，一边喊着"我不要起床"一边把被子扔到床下面，还用头撞床板，对生活老师拳打脚踢。

---

① 周念丽．学前儿童心理健康与教育［M］．北京：中国人民大学出版社，2019：48.

从上面两个案例可以看出，佳佳和奇奇都产生了不愉快的情绪，中班幼儿佳佳还无法识别自己的情绪，大班幼儿奇奇能够识别自己的情绪，但他们的情绪调控能力都较弱，没有意识到自己的情绪表达方式对自己和他人造成的伤害。案例中，佳佳和奇奇在遇到挫折事件后，产生了羞愧情绪。幼儿园中，还有幼儿因为争抢玩具、座位等事件，出现生气、愤怒等负面情绪，并将负面情绪以攻击性行为的方式发泄在同伴或教师身上。

幼儿在暴怒发作时，他人常常无法劝阻他的负面行为，直至他们的要求得以满足，或无人理睬为止。行为主义学习理论认为，幼儿的暴怒发作是通过学习模仿产生的，最初可能是由遇到挫折而引起的，之后可能是由环境中成人的态度、事件的结果等因素的影响而得到强化的。例如，幼儿在暴怒发作时，家长做出了让步以终止暴怒发作，反而起到了助长其暴怒发作的作用。

为有效预防幼儿暴怒发作，教师可以教给幼儿一些疏导情绪的方法。教师可以引导幼儿用语言来表达自己的情绪，如“看到别的小朋友都会剪，我剪不好，我很难过”；平时可以告诉幼儿一些控制情绪的小方法，如数数、深呼吸、握紧拳头再放松等；在教室里设置一个单独的空间，如“秘密花园”“心情加油站”等，当幼儿暴怒发作时，可以在这个相对独立的空间中给予幼儿短暂的隔离，使幼儿的暴怒行为不会引起他人的注意；将任务进行细化，引导幼儿按照一个一个小步骤去完成任务，每完成一步就给予鼓励，帮助幼儿建立起信心；对幼儿合理的情绪宣泄给予肯定，采用正面教育的方式使他们认识到哪些情绪表达方式是好的，哪些情绪表达方式是不好的，从而使幼儿学会控制自己的暴怒发作。

三、幼儿积极情绪的培养策略

教师可以从以下几个方面帮助幼儿提高情绪调控能力，培养幼儿的积极情绪。

活动方案《情绪小侦探：认识我们的情绪世界》

（一）引导幼儿识别情绪

情绪识别是情绪调控的前提，因此教师可以通过《我的情绪小怪兽》《生气汤》等情绪绘本，或者通过布置心情墙、引导幼儿每日选择自己的情绪状态等方式，帮助幼儿识别、理解自己和他人的情绪。

（二）给予正面肯定和鼓励

正面肯定和鼓励，有助于增强幼儿的自信心，促使他们做得更好。如果成人经常采用批评、惩罚、贬低等方式处理幼儿的消极情绪，幼儿容易产生习得性无助。

特别的孩子

熙熙的变化

入园两周来，熙熙总是哭着进入教室，今天熙熙没有红着眼睛入园，而且很开心地和爷爷说再见，老师看到后表扬、鼓励熙熙："熙熙今天是笑眯眯来上幼儿园的，老师觉得真棒！"之后，熙熙的入园焦虑有明显好转。

（三）示范正向情绪

幼儿通过观察逐渐学习调控情绪的策略。如果成人很少表达积极情绪，尤其是跟幼儿交往时在控制愤怒和敌意方面存在困难，那么幼儿在调控情绪方面也会持续出现问题，这会严重影响幼儿的心理适应。① 因此，教师在面对幼儿时，应及时调整好自己的情绪状态，不能把消极情绪宣泄到幼儿身上，应以积极饱满的情绪状态与幼儿互动。同时教师在幼儿遇到困难时，不可一味地压制幼儿的消极情绪，可以为幼儿提供切实可行的应对策略，帮助幼儿调节情绪，解决问题。

（四）帮助幼儿调控情绪

教师可以使用转移法、消退法等方法来帮助幼儿控制情绪。② 转移法是通过转移注意力的方式来缓解幼儿的消极情绪的。例如小班幼儿入园时，教师可以通过师幼互动游戏等方式来缓解幼儿的焦虑情绪；也可以在教室里布置一个温馨的角落，给予幼儿平复情绪的时间和空间。消退法是通过条件反射

---

① 贝克．婴儿、儿童和青少年［M］．桑标，等译．上海：上海人民出版社，2014：467.

② 罗秋英．学前儿童心理学［M］．2 版．上海：复旦大学出版社，2020：142.

来消除幼儿消极情绪的方法。例如幼儿入睡时常常因为想念家人而哭泣，教师可以陪伴幼儿入睡，但每天减少一点陪伴的时间，慢慢使幼儿独立入睡。

幼儿的情绪调控由服从成人指令逐渐发展为自我调节。教师可以教幼儿使用反思法、自我说服法等策略调控情绪。等幼儿情绪平复后，教师可与幼儿共同讨论刚刚发生的事件，引导幼儿想一想要求是否合理、表达交流的方式是否合适等，帮助幼儿回顾自己的情绪表现，从而逐步提高情绪的自我调节能力。当中班幼儿入园仍然哭泣时，教师可以引导幼儿大声说出：“我已经成为哥哥姐姐，不能再哭了。”日后幼儿遇到类似的情况，就能够通过自我说服的方式来调节情绪，提高情绪的稳定性。

活动方案《情绪魔术师：学会调控情绪》

第三节　幼儿教育观察与评估的常用工具

关键问题

- 常用的幼儿心理健康教育观察与评估工具有哪些？
- 学龄前儿童行为量表的主要内容是什么？
- 中国学龄前儿童气质量表的主要内容是什么？
- 中国城市幼儿情绪及社会性评估量表的主要内容是什么？

对幼儿心理健康进行评估，需要专业的评估工具，这些工具多基于幼儿日常行为的表现进行评估。编制评估工具需要专业研究人员经过标准化的研究过程，尤其要进行信度和效度检验，检验符合要求才能应用。常见的幼儿心理健康评估工具主要包括《学龄前儿童行为量表》《中国学龄前儿童气质量表》《中国城市幼儿情绪及社会性评估量表》等。

一、《学龄前儿童行为量表》

行为量表最初是临床医生诊断儿童行为问题时常用的辅助工具，已被广泛应用于临床和教育领域。儿童行为量表种类很多，比如，阿肯巴克（Achenbach）儿童行为量表系列、康氏（Conners）儿童行为量表系列以及拉特（Rutter）儿童行为量表，但这些量表在年龄上主要适用于学龄儿童和青少年。由于学龄前期儿童的行为与学龄儿童存在差异，因此需要一套符合学龄前儿童发展特点的评估工具。

《学龄前儿童行为量表》由深圳市妇幼保健院万国斌教授等人于 2006 年编制，是一套符合中国文化、为国内开展学前儿童心理卫生工作而编制的评估工具。《学龄前儿童行为量表》主要应用于托幼机构幼儿的行为问题筛查以及儿童心理门诊的辅助诊断。与国内外常用的评估工具相比，《学龄前儿童行为量表》的各因子设置与临床诊断名称比较契合，反映的信息比较全面，不仅包括行为问题，还涉及各种情绪问题。相关临床应用研究的结果发现，《学龄前儿童行为量表》能够有效地筛查出有情绪问题或行为问题的幼儿，筛查结果与临床诊断的符合率较高。

（一）主要内容

国际上普遍将行为问题分为外向性行为问题和内向性行为问题两大类别。外向问题反映的是多动、攻击和违纪等行为问题，内向问题反映的是焦虑、抑郁、社交退缩、躯体化症状等情绪问题。《学龄前儿童行为量表》遵循简单易懂、反映学龄前儿童的行为特点、符合中国文化的原则来编制和选择条目。

《学龄前儿童行为量表》分为外向和内向两个分量表，共计 46 个条目。其中，外向分量表包括注意、多动和攻击三个因子，内向分量表包括退缩、焦虑、情绪控制和躯体化四个因子，如表 2–3–1 所示。

表 2–3–1 《学龄前儿童行为量表》示例

量表	因子	阐释	量表内容示例
外向分量表	注意	衡量幼儿注意力是否集中，是否容易分心	学习或游戏活动时，注意力不能持久
	多动	衡量幼儿是否多动，难以安静	坐在椅子上不安静，身体扭来扭去

续表

量表	因子	阐释	量表内容示例
外向分量表	攻击	衡量幼儿是否存在对他人或物体的攻击性行为	动手打人或咬人
内向分量表	退缩	衡量幼儿是否存在遇到陌生人或社交场合时胆小、害怕、退缩等行为	害怕陌生人，过分胆怯
	焦虑	衡量幼儿是否存在担心、害怕、恐惧、紧张等焦虑情绪	担心父母的安危
	情绪控制	衡量幼儿是否存在容易生气和好哭闹等情绪控制相关的行为	无缘无故不高兴、伤心或忧愁
	躯体化	衡量幼儿没有身体疾病时是否存在各种躯体不适症状	查不出原因的腹泻或便秘

（二）评分规则

《学龄前儿童行为量表》的条目以陈述句形式呈现，采用 0～3 分的四级评分，即“无”记 0 分，“偶尔或轻微”记 1 分，“经常或明显”记 2 分，“总是或严重”记 3 分。父母或主要养育人根据儿童最近 3 个月内的实际情况进行评分，由此形成每个条目的得分，最后计算各因子的粗分、内向分量表粗分、外向分量表粗分和总量表粗分，并根据常模来确定结果。

各分量表以因子粗分的 95% 为划界点，内向与外向量表以粗分的 90% 为划界点，总量表以量表总粗分的 85% 为划界点，当得分大于和等于划界点判断为异常，小于划界点判断为正常。外向量表得分高反映幼儿可能存在注意、多动、攻击问题等外向性行为问题，内向量表得分高反映幼儿可能存在胆小、退缩、焦虑、恐惧等情绪问题。量表总分增高提示孩子可能存在情绪或行为问题。

二、《中国学龄前儿童气质量表》

气质是人的个性心理特性之一，是指个人心理活动的稳定的动力特性，它主要表现在心理活动的强度、速度、稳定性、灵活性及指向性上。儿童气质是行为的表现方式，有研究者将其归纳为九个维度：活动水平、节律性、趋避性、适应性、反应强度、心境特点、持久性、注意分散、反应阈。评价儿童气质有助于教师和家长全面了解儿童的心理特征，判断儿童的行为问题。

为了进一步了解中国儿童的气质，1996 年西安交通大学第二附属医院儿童行为及发育儿科研究室姚凯南教授引进了美国凯丽编制的气质量表，并结合我国的文化背景进行了修订。“中国儿童气质量表修订和标准化”项目共收集了婴儿（4—8 个月）、幼儿（1—3 岁）、学龄前儿童（3—7 岁）和学龄儿童（8—12 岁）四个年龄组儿童 9 767 人（分别是 618 人、3 486 人、1 313 人和 4 350 人）的资料，并在全国进行标准化常模工作，最后形成了四个年龄组的量表。在这里，我们主要介绍《中国学龄前儿童气质量表》（Chinese Preschoolers Temperament Scale，CPTS）的主要内容。

（一）主要内容

《中国学龄前儿童气质量表》包括 9 个维度，共计 100 个反映儿童日常生活行为的项目。表 2-3-2 是部分示例。量表由父母或主要养育者根据儿童最近 4～6 周的行为表现进行等级评定。

表 2-3-2 《中国学龄前儿童气质量表》示例

维度	阐释	量表内容示例
活动水平	指某次活动（如游戏、进食、睡眠）中身体活动的数量	在从事一项工作或活动时，孩子行动迟缓
节律性	指饥饿、睡眠、大小便等生理性活动是否有规律	孩子每天基本在同一时间大便
趋避性	指对新刺激的最初反应特点，即接受或者躲避	孩子初到一个地方总是活跃地到处走动
适应性	指对新环境或新刺激的适应过程的快慢	孩子难以习惯新环境
反应强度	指情绪反应的强烈程度	孩子对“好事”和“坏事”的反应都很强烈
心境特点	指情绪表现是积极的还是消极的	孩子在受到挫折时哭闹或发脾气
持久性	指专注于活动的时间	孩子能花费一个多小时阅读一本书或者看一些图书
注意分散	注意力是否容易从正在进行的活动中转移	孩子在玩耍时，若电话铃响了，他会抬头张望
反应阈	一个可以分辨的反应所需要的刺激强度	孩子能觉察出食品硬度（稠度、浓度）的差别或变化

（二）评分规则

《中国学龄前儿童气质量表》由父母或主要养育者根据儿童最近 4～6 周的行为表现对每个项目内容出现的频率进行六级评分。“几乎从不、极少发生、不常见、常见、很常见、几乎总是”六个等级分别计 1、2、3、4、5、6 分。项目以陈述句形式呈现，如“受到批评或处罚后孩子的心情有几分钟波动”。最终，专业人员统计各维度的平均值，通过与常模进行比较，分析和评价幼儿气质。

儿童气质评估结果共分为五个类型：平易型、麻烦型、发动缓慢型、中间偏平易型、中间偏麻烦型。

（1）平易型：也称“随和型或容易抚育型”，是指生物活动有规律，对新刺激反应积极，对环境的改变适应较快。该类型儿童情绪反应温和，心境积极，看到生人常常微笑，不爱哭闹，能接受新事物。

（2）麻烦型：也称“困难型”，是指生物活动无规律，对新刺激反应消极、退缩、回避，环境改变后常不能适应或适应较慢，情绪反应强烈且常为消极反应，心境消极。

（3）发动缓慢型：也称“缓动型”，是指对新刺激反应消极、回避，活动水平低，反复接触后方可慢慢适应。与麻烦型不同的是，该类型儿童无论是积极反应还是消极反应都是很温和的，生活规律仅有轻度紊乱，心境消极。

（4）中间型，介于以上三者之间，包括中间偏平易型和中间偏麻烦型。

通过大样本量的调查发现，我国正常儿童的气质类型以平易型居多，连同中间偏平易型，共占 70% 多。长期纵向观察证明，儿童的气质类型有相对的年龄稳定性；后天生活环境对气质类型及气质维度均有一定的影响，中国儿童的平易型和中间偏平易型气质相对较多。

三、《中国城市幼儿情绪及社会性评估量表》

情绪和社会行为是儿童心理和社会适应能力发展的重要内容，0—3 岁是其发展最迅速、最关键的时期。有研究表明，婴幼儿的情绪问题，如深度悲伤、分裂性愤怒、恐惧和早期的情绪体验，将影响其未来的人际关系及学习能力。发展心理学认为儿童早期情绪、社会性发展状况与远期情绪和行为问题有关，儿童早期的生理、情绪和社会满足的体验会影响他们今后的行为发展。因此，制定一个既符合我国国情，又为广大基层保健、临床医务人员所适用的简便、易行的幼儿情绪和社会性发展的测评工具势在必行。

《中国城市幼儿情绪及社会性评估量表》以美国耶鲁大学和波士顿大学共同编制的 2004 年版《12—36 月龄儿童情绪和社会性评估量表》为基础，由石淑华、张建端等人进行了修订，于 2005 年编制了《中国城市幼儿情绪及社会性评估量表》及其常模。

（一）主要内容

《中国城市幼儿情绪及社会性评估量表》包括 4 个领域，共负荷 19 个维度，共计 146 个条目，由最了解儿童的家长或主要养育者评估幼儿情绪及社会性方面的相关信息，对幼儿的情绪及社会性进行评估（表 2–3–3）。

表 2–3–3 《中国城市幼儿情绪及社会性评估量表》示例

领域	维度	量表内容示例
外显行为域	活动度 / 冲动性	玩的时候会非常“兴奋”“疯狂”，控制不住自己
	攻击性 / 反抗性	固执 / 反抗
	同伴攻击	遇到挫折时会产生攻击性行为
内隐行为域	忧郁 / 退缩	当有别人在场时，紧靠着您或想坐在您的腿上
	焦虑	看上去不安、紧张或害怕
	恐惧	害怕某些动物
	焦虑 / 强迫现象	担心，焦虑或紧张
	分离焦虑	由其他人照顾时显得烦躁不安
	对新鲜事物退缩	在陌生环境中变得安静，不活跃
失调域	睡眠	必须抱着才能入睡
	消极情绪	好哭
	饮食	不肯吃东西
	感官的敏感性	受伤或被弄痛时没有反应
能力域	依从性	给他 / 她穿衣服、换衣服或洗澡时能保持安静
	注意	能长时间集中注意（不包括电视）

续表

领域	维度	量表内容示例
能力域	模仿 / 游戏	当您让他 / 她模仿有趣的声音时，他 / 她就能模仿
	掌握动机	喜欢做些动脑筋的事，如搭积木
	移情	能觉察到别人的情绪感受
	亲社会的同伴关系	别人受伤疼痛时主动去帮助人家，给他 / 她玩具

（二）评分规则

《中国城市幼儿情绪及社会性评估量表》的条目以陈述句形式呈现，如“到新地方感到紧张，要过一会儿（十分钟或更长）才会安定下来”。该量表由父母或主要养育者根据孩子的情况进行评分，每一个条目按所描述的情况与实际情况的符合程度进行 0、1、2 三级计分。若该描述与孩子的实际情况不符合或偶尔符合，则计 0 分；若部分符合或有时符合，则计 1 分；若非常符合或经常符合，则计 2 分。

《中国城市幼儿情绪及社会性评估量表》广泛应用于儿童保健和儿童心理研究等相关研究领域和机构，对儿童情绪及社会性等相关问题的早期识别和早期干预具有积极意义，为有针对性地制定干预和促进措施提供了科学可行的依据。

通过本章内容的学习，我们应意识到通过观察可以了解幼儿的发展水平和幼儿的个性品质，捕捉和辨别幼儿情绪的变化。作为一名专业的幼儿教育工作者，我们除了要学会如何进行观察以外，还要了解常用的幼儿心理健康评估工具，从而为幼儿心理健康保驾护航。

思考题

一、名词解释

观察法；情绪

二、简述题

1. 如何成为一名合格的观察者？
2. 简述幼儿情绪发展的基本特点。

3. 简要介绍一种幼儿教育观察与评估的常用工具。

三、案例分析题

琪琪上幼儿园小班已经两个多月了，但入园情绪仍然波动很大，哭闹厉害难以安抚。每天琪琪到教室门口都要号啕大哭，外婆也在教室外久久驻足。在幼儿园吃饭琪琪主要靠老师喂，午睡老师抱着睡才不哭。琪琪平时主要由外婆照顾，父母工作都很忙，琪琪在吃饭、睡觉、如厕方面非常依赖外婆。

第二章答案

你作为班级教师，会怎么做?

第三章 幼儿积极心理的培养

学习目标

1. 理解自信心、自尊心、自控力、创造性的内涵。
2. 熟悉幼儿自信心、自尊心、自控力、创造性的发展。
3. 掌握幼儿自信心、自尊心、自控力、创造性的培养方法。

思维导图

- 幼儿积极心理的培养
  - 幼儿自信心的培养
    - 自信心的内涵
    - 幼儿自信心的发展
      - 自信心的发展基础
      - 自信心的发展特色
    - 幼儿自信心的培养方法
      - 在生活中赋权
      - 在主题活动中引发
      - 在环境中看见
  - 幼儿自尊心的发展
    - 自尊心的内涵
    - 幼儿自尊心的发展
    - 幼儿自尊心的培养方法
      - 尊重、信任
      - 客观评价
      - 因人而异
  - 幼儿自控力的促进
    - 自控力的内涵
    - 幼儿自控力的发展
    - 幼儿自控力的培养方法
      - 教育原则
      - 具体方法
  - 幼儿创造性的呵护
    - 创造性的内涵
    - 幼儿创造性的发展
      - 萌芽期
      - 快速发展期
      - 相对稳定期
    - 幼儿创造性的表现特征
      - 以好奇、探索为主要动力
      - 以自发性强、目的性弱的表达式创造为主要表现
      - 以具体、直观的创造性想象为主要方式
    - 幼儿创造性的培养方法
      - 正确认识创造性，尊重、支持幼儿的创造“心向”
      - 创造适宜环境，为幼儿创造性发展奠定基础
      - 因材施教，满足幼儿创造性发展的差异化需求

第一节　幼儿自信心的培养

关键问题

- 什么是自信心?
- 如何促进幼儿自信心的发展?

自信心作为人格的重要组成部分之一，它不仅是幼儿自我意识不断成熟和发展的标志，还深刻地影响着人的心理健康及人格的健全发展。

一、自信心的内涵

自信心是指个体在对自己的行为能力进行自我认识和评价基础上所产生的一种正向体验。幼儿自信心是一个具有多维层次结构的心理构成物，包括自我评价、自我表现、独立性、主动性、自我效能感、敢为性六个方面。[①]

自我评价：幼儿对自己能力的评估以及对自己是否能够顺利完成某种任务所做出的推测。如，一次建构活动中，天天和呱呱在建构区要挑战搭高塔，并让小球从顶层落下来。他们越搭越高，最后塔比他们的身高还高。他们让老师给作品拍照片，天天在大家面前说："我们合作得很好，下面摇摇晃晃时，呱呱就在下面扶着，所以才能搭这么高。我们是合作高手！"

自我表现：幼儿自我表达、自我展现的能力。如，主题活动中，教师为孩子创设了"小舞台"的环节，孩子们准备了自己擅长的才艺进行展示。平时有些腼腆的孩子，在自己准备好、鼓足勇气展示以后，会特别开心。

独立性：幼儿所具有的一种强烈的独立行事、独立表达、独立解决问题的心理特点。如，在探索新材料"鲁班锁"时，小宝摆弄了一段时间，没有拼成功，老师走过来问："需要我帮忙吗？"小宝摇摇头，将材料再次拆掉后重新观察和尝试，直到拼搭完成。

① 安玲 . 3 ~ 5 岁幼儿自信心发展特点相关影响因素及促进研究 [D] . 大连：辽宁师范大学，2011.

主动性：幼儿不受外力推动而自觉行动。如，幼儿来到幼儿园主动和老师分享周末的见闻。

自我效能感：幼儿对自我胜任工作的信心与感受。如，教师在开始新挑战前，问幼儿“对自己有没有信心”，幼儿大声说“有”。

敢为性：幼儿面对客观环境中的新事物或问题，能大胆尝试。如，幼儿园新到了一个平衡器械，很多小朋友都是扶着栏杆在摇晃的平衡木上通过的。瑶瑶想起以往的桌椅游戏，平衡器械虽然比桌子的间隔距离宽，也更高一些，但她还是很想试一试。她谨慎地爬上去，慢慢地学螃蟹横爬着通过了平衡器械，她的新玩法引发了其他小朋友的兴趣。

从上述构成因素的视角，我们对照《3—6 岁幼儿学习与发展指南》中的相关条目，进一步梳理了指向幼儿自信心的行为表现，以便教师在教育教学情境中更好地识别和支持幼儿，详见表 3–1–1。

表 3–1–1　幼儿自信心的结构及其行为表现

结构	行为表现
自我评价	·回顾方法的有效性
自我表现	·愿意在集体中或艺术活动中表达自己的感受或想象。 ·愿意在集体面前介绍自己的作品。 ·能用多种工具、材料或不同的方法表达自己的感受和想象
独立性	·乐于表达自己的想法，有自己的观点。 ·为了让他人理解，能调整谈话内容。 ·能表达自己的观点，并说明理由。 ·能基于自己的理解进行推测和表达，寻求新的做事方式。 ·与别人看法不同时，敢于坚持自己的意见并说出理由。 ·听不懂时主动提问
主动性	·能表达自己的喜好和兴趣，并根据自己的兴趣选择。 ·乐意与人交谈，有高兴、有趣的事主动与人分享。 ·喜欢结交新朋友。 ·能主动发起互动，能运用介绍自己、交换玩具等简单技巧加入同伴游戏。 ·在活动中出主意、想办法，能吸引同伴和自己一起游戏
自我效能感	·更愿意选择具有挑战性的任务。 ·遇到挫折和困难时，具有坚持性，能自我调节
敢为性	·在评估自己能力的基础上，愿意接受新挑战或冒险。 ·遇到困难，能尝试用不同方法应对困难

二、幼儿自信心的发展

幼儿自信心不仅是积极人格的重要组成部分，更与心理健康发展有着密切的联系。一方面，自信心作为心理发展的动力，是幼儿自我意识萌芽和发展的标志；另一方面，自信心是在自我认知、人际互动等内外因素的共同作用下不断发展和变化的。因此，我们需要进一步了解自信心的发展基础、发展特点。

（一）自信心的发展基础

自信心的发生与发展是在自我意识的基础上展开的，而自我意识的发展主要分为三个阶段。①

1. 通过认识关系来认识自己

自我意识是个体在社会交往过程中逐渐发展起来的，幼儿首先是通过认识他人而逐渐认识自己的。人称代词“我”的出现，标志着幼儿自我意识的产生，即开始把自己当作主体的人来认识。1—2 岁时，幼儿的自我意识开始逐步发展起来，如对年龄、性别等的认知。同时，在不断感受动作及周围环境变化的基础上，幼儿逐步意识到自己的动作与对象的变化之间存在的因果关系。而这种因果关系的认识正是幼儿建立自信心的基础。这时候父母要多给幼儿一些外界刺激和行为反馈，帮助其建立这种因果关系。

特别的孩子

在亲子互动中，意识到自我的力量

幼儿会重复做一个动作，把一个小球扔到地上，父母把小球捡起来，幼儿再一次扔在地上，乐此不疲；幼儿把积木一块一块垒高，推倒，再垒高，再推倒，父母为他的作品送上赞美；他把围巾盖在父母的头上，当掀开围巾的时候，父母会与其积极互动，再盖上，再掀开……幼儿感受到自己动作所带来的变化，同时慢慢意识到自我的力量。随着这些“游戏”的开展，幼儿和父母的关系会更亲密，也更加自信。

① 黄希庭．人格心理学［M］．杭州：浙江教育出版社，2002：372.

2. 通过分析自己的活动结果和他人评价来认识自己

个体通过分析自己的活动结果评价自己，比较容易建立起正确的自我概念。但活动的结果往往会受他人的评价，这又间接影响了个体对自我的评价。幼儿个体的自信心往往是暂时、易变的，他们对自己的认识与评价大部分取决于周围人对他的评价，内化他人的积极评价成为这一时期自信心发展的基本机制。

特别的孩子

"没有什么本领"的笑笑

在幼儿园里，小朋友赛跑时跑得快，便觉得自己很厉害；跳绳跳得多，就觉得自己很棒；绘画作品在教室里展示时，会觉得自己画得很好……幼儿常常会依据活动结果来评价自己，但这时的自我评价又很容易受到他人尤其是教师的影响。一次教学活动中，笑笑没有分享自己的本领，一直说没有想好。课后，老师找笑笑聊天，笑笑说："像米乐那样的游泳本领，我是不会的，我没有什么本领。"老师笑着说："我看见你经常在游戏结束后，认真整理玩具，我觉得这个本领就是你特别的本领。"笑笑听完就笑了起来，然后笑笑和老师一起记录了自己的本领，比如能左右手交替拍球、能主动跟不认识的老师打招呼等，笑笑觉得自己很不错。

3. 通过自我观察来认识自己

自我观察是个体认识自己的直接方式，通常有两种方法：一种是通过感官直接认识自己；另一种是内省，即对过去的自己进行回忆、分析，甚至是自我批评，以进一步完善自我认知。随着个体的成长，价值观体系的逐渐形成，个体有了稳定的、内化的自我评价标准，这时的自信心较为稳定。只有通过长期的生活体验、评价认知和自我整合，幼儿才能逐步形成稳定的自信心。

特别的孩子

"特别的我"主题活动

在大班"特别的我"主题活动中，我们创设了很多让幼儿表现自己的本领、展示自己的才艺、谈论自己独特之处的机会。与此同时，我们还在主题活动后期为幼儿设计体验任务，并让他们进行自我评价。自我评价的过程就是幼儿在体验中进行自我观察的过程。如有的幼儿认为自己照顾弟弟时让弟弟摔了一跤，照顾得不够好，所以只给自己打两颗星；有的幼儿在折小花的任务里，觉得虽然自己折得很慢，但一直在反复尝试，最后成功了，所以给自己打了三颗星。在这样的体验和自我评价中，幼儿对自我的认知更加完整、稳定。

（二）自信心的发展特点

第一，年龄差异明显。幼儿自信心的水平是随着年龄的增长而不断变化的，总体上呈上升趋势，但各个年龄段的发展速度不均衡。一般而言，幼儿自信心发展最快的时期是3—4岁，4岁是自信心的发展关键期。而6—7岁幼儿的自信发展速度出现一定程度的回落。因此，教师和家长应该把握发展关键期，及时创造适宜的条件，促进幼儿自信心的健康发展。

第二，性别差异明显。有研究表明，幼儿自信心的发展水平存在一定的性别差异，表现为女孩的自信心得分显著高于男孩。[①] 这主要是由成人的性别刻板印象造成的。比如，女孩乖巧、听话的行为特质，更符合成人的期待。因此，教师和家长应当注意对不同性别的幼儿保持相对一致的评价标准，让幼儿能够凭借积极行为和正向努力而获得认同、提高自信。

三、幼儿自信心的培养方法

幼儿自信心的发展离不开家庭系统的支持，同样也需要教师、幼儿园提供适宜的环境和科学的教育引导。其中，获得成功体验是培养与促进幼儿自信心的主要途径之一。[②] 教师可以通过“游戏、劳动、学习”等多种活动形式，促进幼儿自信心的提高。

（一）在生活中“赋权”

在幼儿园的生活、游戏中，幼儿常常会遇到各种各样的挑战和问题，这正是幼儿发展自信心的教育契机。教师要给幼儿机会让他们独立解决问题，让他们获得积极的体验，从而提高自信心。

---

① 杨敏菁．4—6岁幼儿家庭支持与自信心水平的关系研究［D］．郑州：河南大学，2020.

② 王娥蕊．3—9岁儿童自信心结构、发展特点及教育促进的研究［D］．沈阳：辽宁师范大学，2006.

案例：搬棉被

孩子们的棉被需要带回家晾晒，那怎么把棉被交到家长的手中呢？教师们可以把这个问题抛给孩子。

激发动力：在开始的时候，很多幼儿表达了对独立搬运棉被的担心，担心背着被子下不了楼梯，担心不能把棉被装进袋子里。因此教师为幼儿提供了感受被子有多沉的机会（图 3–1–1），进而激发幼儿愿意做而且自己也能“做成”的信心。

真实体验：教师组织幼儿体验搬运棉被的活动（图 3–1–2）。幼儿遇到的挑战有：被子放不进袋子里、袋子拉链拉不上；中途太累拖着棉被走。在孩子搬运过程中，教师要及时给予帮助。比如，教师将楼梯、走廊和地面打扫干净；睡眠室、楼梯和走廊处都有教师提供支持。同时，教师要观察和记录幼儿努力的过程和遭遇的挑战。

积极反馈：教师让幼儿回顾自己搬运棉被的过程，以学习故事的形式展现每个幼儿在这个过程中的闪光点，还可以通过微信等方式推送视频、照片等内容，让家长看到孩子在园的表现。

活动启示：真正的赋权和信任就是允许做不到。

给幼儿赋权，是让幼儿在自己的生活中有机会做决策、做尝试。真正的赋权和信任就是允许做不到，并相信幼儿有解决问题的能力、不断改善的勇气。这份针对可能“做不到”的信任，对于幼儿来说蕴含着更大的发展价值，这往往是很多教师忽视的部分。“赋权”中所蕴含的儿童观应是“相信幼儿有解决问题的能力”而并非简单“相信幼儿做得到”。从“做不到”开始，通过学习、尝试、互动、合作，到“做到了”的努力过程才是更加有价值的体验，才更能激发幼儿的自信体验。

图 3–1–1　感受被子有多沉

图 3–1–2　搬运棉被

（二）在主题活动中“引发”

幼儿园也可以开展专门指向“自信心”发展的主题活动，让幼儿有自我表达、表现的机会，自主选择和自己解决问题的空间。

案例：“特别的我”主题活动

大班第一学期可以开展“特别的我”主题活动（图3-1-3）。在活动开始之前，老师们可以一起与幼儿讨论自己的与众不同。之后，可以设计如下多种类型的活动。

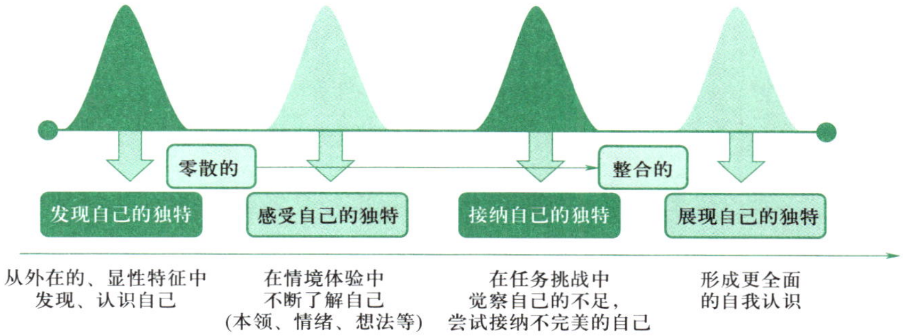

图3-1-3 “特别的我”主题活动导图

“猜猜我是谁”的主题游戏：在活动开始阶段，幼儿通过亲子互动、同伴互动，发现自己与众不同之处。幼儿可以通过画自画像（图3-1-4）、观察指纹、测量身高等方式，积累“猜猜我是谁”的游戏素材。在游戏过程中，幼儿逐渐发现自己和其他人的不同，认识到自己是独一无二的个体。

画出“我”的思维导图和创编关于“我”的儿歌：在主题活动过程中，幼儿将自己与众不同的地方记录在“关于我的思维导图”上（图3-1-5）。幼儿通过不同渠道（家长、老师、同伴）逐渐发现自己各个方面的优点，他们对自己越来越了解，也越来越相信自己的能力。老师还可以引导幼儿针对自己的本领和特点创编属于自己的独一无二的儿歌《我喜欢自己的……》。

图 3-1-4　猜猜我是谁

图 3-1-5　关于我的思维导图

服务他人：随着幼儿对自己的能力和特长逐渐建立起较为清晰的认知，老师可以建议幼儿发挥自己的本领为小班的弟弟、妹妹服务（图 3-1-6）。例如有的幼儿为他们设计新游戏，有的为小班孩子讲故事，有的在午餐时为他们提供帮助。老师可以根据班级幼儿的情况设计不同的任务，大家可以选择其中一个进行挑战，并对自己的表现进行评价。幼儿可以通过做力所能及的事和帮助他人，提高自己的自我价值感与认同感。

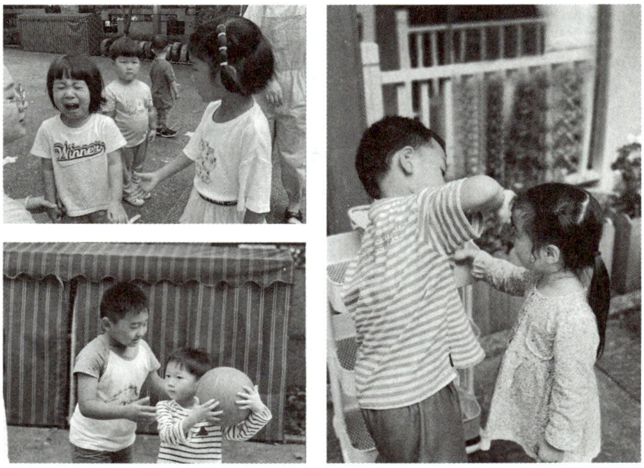

图 3-1-6　关爱小班的弟弟、妹妹

活动启示：让积极的自我评价贯穿在主题活动中。

幼儿自信心的重要构成因素是自我评价，因此老师在主题活动开展过程中要给幼儿提供自我评价的机会（图 3-1-7）。老师在主题活动过程中也要积极捕捉幼儿学习的“哇时刻”，还要适时地给幼儿创设一定的挑战，设计难度适宜的新情境、新任务。幼儿通过体验、评价、反思、再评价和老师、同伴的积极、持续的反馈，不断形成客观、正向的自我认知。

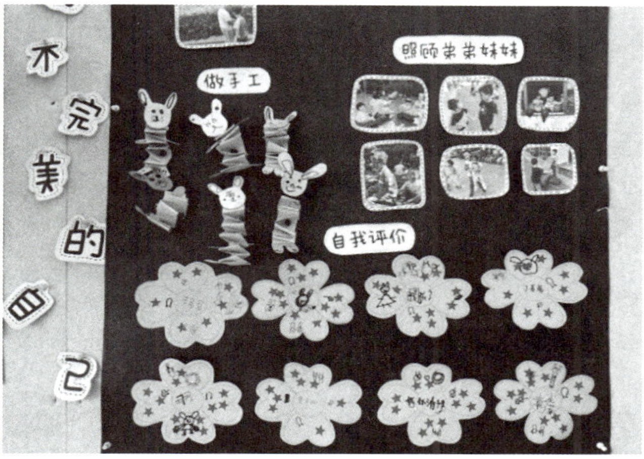

图 3-1-7　自我评价

（三）在环境中“看见”

在幼儿园，师生之间的良性互动能给幼儿带来积极体验，教师还可以为幼儿营造一种处处有“我”的友好环境，让幼儿更乐于表达，从而获得归属感和自信心。

案例：这是与我有关的环境

在开学伊始，各班在创设班级环境时，要积极探索如何让教室的环境给幼儿带来“这是与我有关的环境”的体验。如，呈现以幼儿为主体的“我在学习和生活中的故事”（图 3-1-8），让幼儿看见自己和他人的积极形象（图 3-1-9），看见自己和他人的作品（图 3-1-10）。教师还要创设幼儿能掌控的环境——每个人的书包、水杯都有固定的柜子和格子，贴着幼儿的照片和名字；幼儿知道自己想要的东西在教室的哪个区域，而且能够快速找到；班级里所有东西都应适合孩子的高度，让孩子感觉方便、舒适。在环境中呈现一些幼儿参与制订的规则，让孩子感受到自主性和主人翁意识。

图 3-1-8　教室里有我的故事

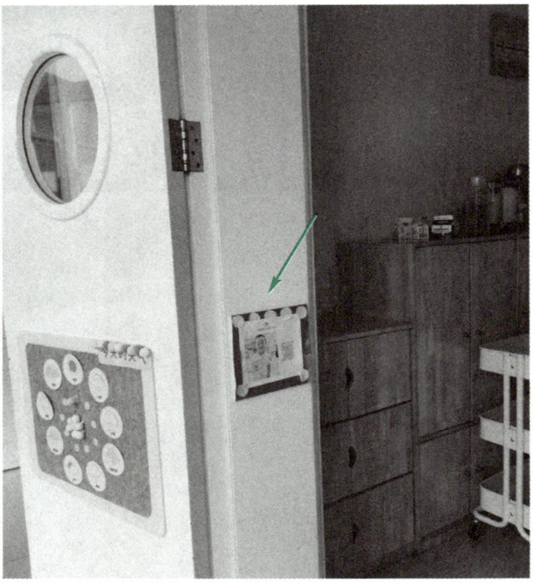

图 3-1-9　因为我吃饭能做到光盘、能笑眯眯来幼儿园，教室墙上有了我的专属之地

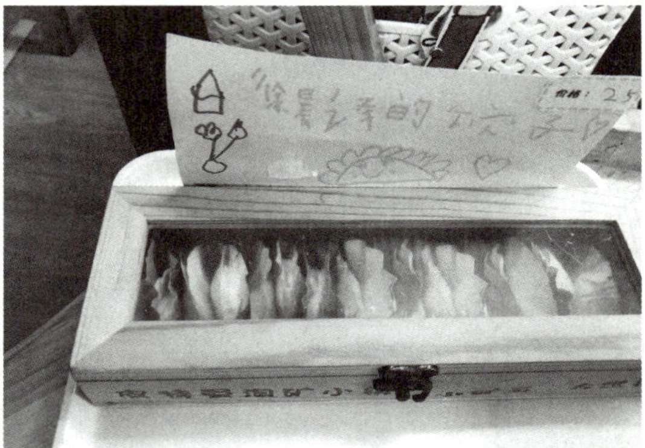

图 3-1-10　我的作品被老师用独特的方式陈列和珍视

除了以上几种培养策略以外，幼儿园还要积极进行家园沟通。例如，多关注班级中那些自信心水平较低的幼儿，家园双方共同分享和探讨提升孩子自信心的办法，让孩子的优点能得到展现，并获得积极评价，进而促进孩子自信心的发展。

活动方案《自信让我更闪耀》

第二节　幼儿自尊心的发展

关键问题

- 什么是自尊心？
- 如何培养幼儿的自尊心？

幼儿的自尊心与其自信心有着密切的联系，在日常生活中我们发现自尊心较强的儿童勇于探索、富于创造、充满自信心；而自尊心较弱的儿童对自己的认识和评价相对更低、凡事消极被动、缺乏自信心。可以说，自信心是自尊心的基础，而自尊心是自信心的升华。因为自信心是幼儿以对自我状态的主观感受为主，而自尊心的产生和发展往往需要与社会环境进行更为深入的互动。

3—6 岁幼儿处于自我人格和社会化发展的重要阶段，这一阶段的个体渴望得到他人的尊重和认可，例如怕被嘲笑，不愿被人当众训斥等，其根源便是幼儿自尊发展的需要。因此，对幼儿自尊心的积极关注和呵护是幼儿心理健康教育中不容忽视的一个环节。

自尊发展是幼儿人格和社会化发展过程中的重要内容，《幼儿园教育指导纲要（试行）》中也明确指出，要为每个幼儿提供表现自己长处和获得成功的机会，增强其自尊心。因此，了解并掌握幼儿自尊心的内涵、发展规律等内容，有助于教师通过适宜的教学活动引导和促进幼儿的自尊心发展，帮助幼儿形成积极的自我概念、获得良好的情绪体验，进而实现健全人格和心理健康的发展目标。

一、自尊心的内涵

作为个体人格的重要组成部分，自尊心亦称自尊、自尊感，是幼儿自我意识中具有评价意义的情感成分，主要反映了个体的自我价值感，及对自身能力的认识、判断和体验。① 当自尊需要得到满足时，幼儿会感到自信，体验到自我价值，从而产生积极的自我肯定。因此，自尊心不仅会影响个体自我和人格的发展，而且还是幼儿心理健康的重要标志。② 自尊心主要是幼儿在社会化过程中通过自我认识、成人及同伴的评价而逐渐形成的，源于个体对自我价值的体验和评价。

因为个体差异和不同外界因素的影响，幼儿自尊心的水平难免存在高低之分。高自尊的幼儿能够尊重自己、接纳自己和适当地控制自己，同时也希望得到他人的尊重和肯定，具有较强的好奇心、独立性、创造性、主动性、乐群性，表现出更多的积极进取行为。而自尊心较低的幼儿往往表现为否定自己、轻视自己，会因为他人的评价导致自卑心理，变得越发退缩，也会影响幼儿的自信心。但是过度的高自尊反而容易使幼儿产生虚荣心，过于看重外界的评价，遇到挫折或打击之后，更容易产生不良情绪，影响幼儿的心理健康。③ 大量研究表明，自尊水平较高的幼儿的幸福感更高，而低自尊则与压抑、焦虑、社会关系不适应相关，④ 还有研究发现幼儿低自尊与高攻击性间存在显著的联系。⑤ 而且，自尊心不仅会以不同的方式影响幼儿的自我认知、情绪情感、动机意志等心理状态和行为表现；同时，自尊心还会作用于幼儿的社会认知、交往能力、道德品质等行为和能力的发展，是幼儿个体社会适应水平的重要指标。因此，培育并呵护幼儿的自尊心对其人格发展和心理健康有着重要的意义。

---

① 张丽华，李娜．自尊研究范式的发展［J］．苏州大学学报（教育科学版），2015，3（4）：33-41.

② 林崇德．发展心理学［M］．3 版．北京：人民教育出版社，2018：250.

③ 卢乐山，梁志燊，霍力岩．中国学前教育百科全书：教育理论卷［M］．沈阳：沈阳出版社，1995：53.

④ 杨丽珠，张丽华．论自尊的心理意义［J］．心理学探新，2003（4）：10-12.

⑤ 卢长娥，FILLMORE R，王勇．幼儿自尊与攻击性行为的特点及其关系［J］．学前教育研究，2016（4）：56-63.

二、幼儿自尊心的发展

幼儿的自尊心作为社会评价与个体自尊需要的关系的反映，并不是一种与生俱来的遗传表现，而是先天的个体因素与后天的社会环境相互作用的结果。幼儿自尊心的发生需要相应的前提条件，其发展也表现出一定的规律性。

一般而言，当生理与安全等基本需要获得一定的满足、自我意识和评价能力发展到一定的阶段时，儿童的自尊心在2—3岁便得以萌芽，[①] 尤其是重要感维度的自尊。

3—4岁的幼儿，随着身体素质、认知水平、自我意识、自我评价以及社会交往能力的发展，其自尊心水平总体呈上升趋势。研究者指出幼儿的自尊水平在4岁达到最高水平，之后幼儿的总体自尊呈下降趋势。[②]5—6岁幼儿的自尊发展速度之所以表现出回落的趋势，可能是因为这一阶段幼儿的自我体验和情绪感受存在一定程度的不稳定性，容易受到各种内外因素的影响，加之幼儿之间的能力差距逐渐凸显，进而导致自我评价和自尊体验出现回落。

虽然幼儿的自尊水平总体上呈现出逐步发展的趋势，但这种发展并非直线上升的，会受各种因素的作用而表现出一定的波动，甚至是回落。

三、幼儿自尊心的培养方法

由于幼儿缺乏清晰的自我认知和主动的自我调节能力，因此教师、家长等外在环境力量应当通过积极有效的方法培养幼儿的自尊心。

（一）尊重、信任

虽然自尊心是幼儿的一种自我体验，但是却易受周围环境中重要他人态度的影响，所以自尊心得以健康发展的前提是成人对幼儿表现出足够的尊重与信任。当幼儿表现出错误的行为，如对其他小朋友表现出攻击性行

---

① 卢乐山，梁志燊，霍力岩．中国学前教育百科全书：教育理论卷［M］．沈阳：沈阳出版社，1995：53.

② 张丽华，刘方英．自尊研究的历史与展望［J］．辽宁师范大学学报（社会科学版），2015，38（2）：194-199.

为时，教师不宜当众对其进行批评教育，应该私下了解孩子的真实想法和需要，进而引导其选择合适的方式进行表达。

特别的孩子

“喜欢打招呼”的小风

小风是一名小班的男孩，平时活泼好动，性格开朗。但是他见到他喜欢的人时，总是冲上前去，用双手拍拍他的脸，这个小习惯让很多小朋友都不愿意主动接近他，这让小风的自尊心受到很大的打击。老师了解到小风之所以如此，是因为他觉得这是在表达喜欢和亲近的意思，是他喜欢的“打招呼”方式。于是，老师设计了一个“你好，我想和你一起玩”的活动，请小风等五名幼儿示范用不同的方式表达交往的意愿，让小朋友知道小风并不是要打他们，而是在打招呼，并且引导小风用适当的方式和别人进行交往。老师在充分尊重幼儿需求的前提下，保护了小风的自尊心并积极引导了小风的行为。

（二）客观评价

由于幼儿仍处于以他律为主的发展阶段，其自尊心及自我意识很大程度上建立在他人评价的基础上。因此，在呵护幼儿的自尊心时，成人需要注意保持客观且适度的评价，多采用肯定性的积极评价，少用否定性的消极评价。但也要注意积极的评价不宜过多地采用“标签化”“笼统化”的方式，比如“你真棒”“你是个听话的好孩子”等。因为这种所谓的积极评价只是笼统模糊地夸奖和表扬，实际上并没有从客观事实出发，没有让幼儿明白自己为什么“这么棒”。幼儿虽然当下体会到满足感，但是难以获得持久的重要感。而且，一旦这种评价减少或停止，一些自我认知能力较弱的孩子便会觉得被忽视而自尊心下降。因此，教师评价幼儿要尽量“对事不对人”，这种评价才能持久且有效地促进自尊的发展。另外，教师还要注意用发展的眼光看待幼儿，多采用纵向的比较评价，让孩子感受到自己的能力在不断进步，不断提高自我评价，发展自尊心。

（三）因人而异

3—6 岁幼儿处于社会化发展的关键期，在集体活动中自己常常会进行同伴比较，以确定自己的定位。每个幼儿的自尊水平及其需要也存在较大差异，因此在日常教学活动中，教师要根据幼儿的自尊水平和需要，为幼儿安排难度适宜的活动，并设立能力可及的目标。幼儿能够通过自己的努力获得成功的体验，提高自我效能感，增强自尊心。

例如，一些自尊水平较低的幼儿，不敢在教学活动中进行自我表达，这可能是由于他们担心自己表现不好，会被教师、同伴嘲笑。教师在了解情况后，应及时引导幼儿主动表达，并对其表现进行积极评价，将有利于幼儿自尊水平的提升。而某些自尊水平过高的幼儿习惯事事和同伴比较，以获得优越感，教师可以让其多参与合作类活动，弱化其竞争意识，引导他们认识到每个人都有自己的优势和劣势，学会尊重他人才能获得他人的尊重。

作为幼儿的基本需要，自尊心不仅仅是一种重要的个性特质，同时与自信心、自控力和创造力等心理品质共同构成健全人格的关键一环，对幼儿的身心发展有着不容忽视的作用。3—6 岁幼儿的自尊心以重要感、外表感以及自我效能感为主要内容，在日常生活与教学活动中，教师和家长应该以尊重与信任的态度呵护幼儿的自尊心，以真诚且适宜的方式满足不同幼儿的自尊需求，以积极客观的评价培养幼儿的自尊心，进而促进幼儿自尊心的健康发展。

以发展的眼光呵护幼儿自尊心

第三节　幼儿自控力的促进

关键问题

- 什么是自控力？
- 如何促进幼儿自控力的发展？

自控力，通俗地说就是自我控制能力。从童年早期开始，不同的幼儿个体会表现出不同的自控力。有的幼儿坚持性好，能有意识地完成各种任务，能主动协调与他人关系，有的幼儿做事却缺乏耐心，自控力差。坚持、自制、协调等能力品质，是个体发展过程中成功适应社会的核心和基础，对幼儿未来发展具有重要的作用。

一、自控力的内涵

自控力指的是个体对自身的心理和行为的主动掌控，以及个体自觉地选择目标，在没有外界限制的情况下，克服困难、排除干扰，采取某种方式控制自己行为的能力。①

幼儿自控力主要包括四个维度：自制力、自觉性、坚持性和延迟满足。②

（1）自制力：指幼儿能不受外界因素的诱惑，控制自己暂时的欲望和言行，以保证目标的实现。

（2）自觉性：指幼儿在无人监督的情况下，表现出与成人期望一致的动机及相应行为。

（3）坚持性：指幼儿能够在一段时间内维持某种活动或抵制某种诱惑，不怕挫折、克服困难、坚持到底的意志品质。

（4）延迟满足：指为了获取更大的价值而延迟立即就可以得到的满足。延迟满足能力较强的幼儿能够为了更有价值的长远结果而放弃眼前及时满足的诱惑，在等待中表现出来一定的自制力和坚持性。以往的研究中，常常通过“延迟满足”来考察幼儿的自控力。随着年龄的增长，幼儿的延迟满足能力有显著增强的趋势。追踪研究结果表明，凡能控制自己的欲望做到延迟满足的幼儿，在以后的发展中，学习成绩和社会性发展都相对更好。

二、幼儿自控力的发展

根据皮亚杰的道德认知发展理论，4—5 岁幼儿正处于从无律向他律的过渡阶段，外部权威和规则的作用使幼儿自控力有所提高，但幼儿认知发展不稳定，也会出现自控力减弱的情况。因此，我们需要认识和了解幼儿自控力从“无律到他律，他律到自律”的发展趋势和特点，循序渐进地对不同阶段的幼儿加以适时且适当的引导，促进幼儿自控力的持续发展，为青少年时期个体自

---

① 刘文．幼儿心理健康教育［M］．北京：中国轻工业出版社．2021：240-241.

② 周念丽．学前儿童发展心理学［M］．3 版．上海：华东师范大学出版社．2014：173-174.

我控制的相对稳定发展打下基础。

幼儿的自控力可以分为顾虑冲动型、被动控制型、约束顺从型和自主控制型四种类型，不同类型在年龄分布上也存在差异：3 岁幼儿主要集中在被动控制型和约束顺从型上，4 岁幼儿主要集中在约束顺从型上，5 岁幼儿主要集中在约束顺从型和自主控制型上。

教学生活实例解析：国内大多数幼儿园会在孩子们饭后安排散步，然后再安排 2 小时的午睡。有的孩子在家庭中没有午睡的习惯，进入幼儿园后，无法适应这种作息习惯。

小班幼儿在入园初期，午睡基本上要靠保教老师的约束，幼儿的自控力属于被动控制阶段。部分幼儿还会以哭泣的方式表达对新作息的不适应，需要教师通过使用一些方法（抚摸、提供毛绒安慰物、播音乐或故事等）辅助幼儿入睡。

大部分中班幼儿可以控制自己继续玩游戏的想法，根据保教老师的指令上床，但总有一部分幼儿，需要保教人员的帮助（如，再三提醒不触碰身边的同伴、不玩被褥等）。

大班幼儿基本上已经可以自己入睡，有时候老师会放一些助眠的轻音乐或短故事，在入睡时幼儿会自己闭眼睛，他们不会用言语或动作破坏午休的安静氛围，会自主控制自己的如厕、脱衣、上床、盖被、入睡等程序，即便是提前醒来，依然能够遵守午睡规则，积极尝试自我控制。

这种在幼儿园非常普遍的生活实例及其发展过程，正是由幼儿自控力发展特点决定的。而且，在自我控制能力发展的过程中，有些孩子会有自己的策略。如，轻声地自言自语、小声唱歌，甚至一个人做游戏。当教师表扬自主入睡行为或者有长远激励（如午睡结束可以得到奖励）的时候，有的孩子为了达成目标，坚持的时间会更久。

三、幼儿自控力的培养方法

随着年龄的增长，幼儿的自我控制力不断提高，但发展速度并不均衡。因此，对幼儿自控力的培养，需要遵循幼儿的年龄发展特点，也需要注意遵循教育原则。幼儿的所有养育者（保教人员、家庭主要养育人）都应当重视并积极深入地了解这些教育原则与具体方法。

（一）教育原则

1. 生活情境原则：融于生活始于自然的教育

坚持生活情境原则，是教师培养幼儿自控力必须遵循的原则。幼儿在园一日生活的各环节中，无论是入园、离园环节，餐点、盥洗、如厕环节，还是教学、游戏、自主活动等环节，都潜藏着大量的自控力培养的机会。

案例：培养幼儿的自觉性和坚持性

大一班的自然角里，新增“蚕宝宝”、“小蝌蚪”和“种子发芽”等观察内容，幼儿非常喜欢，老师和幼儿一起制订了管理规则。幼儿在学习饲养小动物、记录植物生长的过程中，不仅学习观察和记录、学会互相合作和交流等本领，更重要的是发展了自觉性、坚持性。

在幼儿阶段，研究幼儿的生活，不需要追求宏大高深的课题，不需要华而不实的包装。我们需要结合生活实际，注意捕捉幼儿真实的问题，紧扣幼儿的发展进行扎实而认真的研究。[①] 因此，在生活情境中，成人可以通过不断提升幼儿与人、事、物互动的能力和深度，促进幼儿自控力的发展。

2. 教育一致性原则：家园密切合作的协同教育

促进幼儿自控力发展的重要他人，不仅仅有教师，还有父母和家庭其他重要养育人。“5+2”（幼儿园五天和家庭两天的教育）、“白 + 黑”（白天和晚上的教育）教育的一致性，是发展幼儿自控力以及培养良好行为习惯的重要保证。

特别的孩子

多多

进入大班下学期，多多在幼儿园的学习和游戏中依然不能自控，这可能对日后学习产生不良影响，但这个问题需要家园协同解决。多多妈妈反映多多平时做事容易出现半途而废、过于依赖的现象，有时

① 李季湄，冯晓霞.《3—6 岁儿童学习与发展指南》解读［M］. 北京：人民教育出版社，2013：237-241.

候多多在家还表现出对学习的怕苦怕累，妈妈也担心多多进入小学后，无法适应。王老师对多多妈妈的重视表示认可，同时也希望家长能抓住幼儿园的最后时光，家园共同配合，对多多在生活、学习、游戏中的行为进行适当引导，并从遵守规则开始，逐步帮助多多养成做事有始有终且专心致志的学习品质，从而为多多成为一名合格的小学生做好充分准备。

家庭和幼儿园教育的齐头并进，是推动幼儿自控力教育有效开展的有力保障。因此，自控力的培养要重视家园教育的同步、一致。幼儿园可以通过家长开放、亲子活动、家长学校、电话约谈等方式，实现教师与家长教育的一致性。

（二）具体方法

幼儿的自控力培养是有过程、有方法的，教师和家长要有意识地利用社会、环境或各种媒体的影响，用幼儿能理解、可接受的方法，才能有效促进幼儿自控力的发展。教师和家长提升和促进幼儿自控力的方法，主要有以下几种。

1. 晓之以理：言语辅助，激发自控意识

由于幼儿年龄较小、发展相对不成熟，他们对规则的认知和理解能力是比较有限的。在培养和促进自控力发展的过程中，需要成人以言语辅助指导，让幼儿理解并且知道如何去做，促使幼儿由他控变为自控。

案例：七步洗手歌

中班的源源，晚饭前他会自己先洗手，还会提醒家人：“洗手要注意有‘七步’——正、反、夹、弓、大、立、腕（口诀），排队要离开前面的人一米。”爷爷、奶奶夸奖小孙女真懂事，源源说：“这是幼儿园老师教我们的，老师说认真洗手、保持距离地排队，可以预防传染病。”

案例中的源源，在家里表现得像一个“小大人”，在幼儿园接受教师的语言、行为引导后，回家之后能够继续保持良好的行为习惯、自觉遵守行为规范，还能及时提醒他人注意，这些表现都说明源源的自控意识和能力得到了明显的提升。

2. 游戏场景：趣味吸引，激发自控内驱

轻松愉快的游戏氛围和生活场景能有效激发幼儿对规则的兴趣和自控意识的能力。因此，教师要有意识地运用一些简单的任务和规则，开展一些趣味性强、贴近幼儿生活经验的游戏，在不知不觉中激发幼儿自控的内驱力。

案例："木头人"游戏

涛涛、乐乐等几个大班男孩比较好动，不容易安静。王老师为了提高幼儿的自控力，经常会和他们一起玩"木头人"游戏。"三三三、四四四，我们都是木头人，不会讲话不会动，动了就是黄蜜蜂！一、二、三！"当游戏指令一出，所有的参与者都定格到一个静止的造型，假装成"木头人"。教室瞬间安静下来，涛涛、乐乐等"小调皮"们也会秒变"木头人"，不说话，一动也不动。王老师还会想出"痒痒风""小蚂蚁""小雨滴"等挑战情节，不断加深游戏难度。

自控力培养想要在游戏场景中收到实效，还需要教师在游戏过程中充分考虑和把握幼儿的气质、年龄等。上述案例中涛涛等幼儿，比较调皮，大班后期即将面临幼小衔接，教师选择的"木头人"游戏，有针对性、操作性和感染力。此游戏与幼儿心理较为契合，与大班的幼小衔接需求也比较匹配，"木头人"的游戏可以激发幼儿的自控力。对幼儿来说，他们对秩序性的理解水平、对规则的遵守水平都在游戏活动中得到提高。因此，小班的模仿游戏、中班的扮演游戏、大班的规则游戏，对分阶段培养幼儿自控力的都十分关键。借助情境创设、游戏体验，各阶段幼儿的自控力得以提高。

3. 榜样示范：身教为先，成人应树立自控形象

榜样的力量是巨大的，幼儿能够从身边成人的言语、行为中获得最为直接的学习和模仿的机会。《3—6岁儿童学习与发展指南》中指出："成人要遵守社会行为规则，为幼儿树立良好的榜样。"

案例：说到做到

爸爸给小辉新买的礼物是几个大小不同的沙漏，上面分别标识着数字 3、8、15。小辉非常好奇，爸爸解释道："这些数字表示不同的时间，提醒我们做事情时需要遵守的时间。"爸爸和小辉约定：刷牙要坚持 3 分钟、看电视（手机、PAD）15 分钟要停止，让眼睛得到休息；晚上洗漱上床在 8 分钟内完成，可以得到一个奖励（听一个故事、积一颗星星等）。这段时间，爸爸说到做到，小辉也学会了遵守约定，按时完成任务。

成人有意识地保持、强化正面形象，能够有效强化幼儿的自控意识和能力。案例中爸爸带头执行约定，尤其是控制了刷手机的时间。父子一起使用沙漏，既是幼儿学习时间控制的一种方法，更是父亲的以身示范，这对小辉做好幼小衔接具有积极意义。

4. 持之以恒：生活养成，培养自控力习惯

持之以恒是幼儿形成自控力的基本保证，有助于幼儿从被动自控逐步转化为自觉控制，甚至形成动力定型。成人要对幼儿进行持之以恒的生活养成训练，及时鼓励幼儿，不断巩固已经发展出来的自控力。

案例：发生改变的乐乐

中二班的"生活加油站"每天都有鲜奶和酸奶，早来的小朋友可以自主选择。老师鼓励喝完鲜奶的小朋友，将鲜奶罐清洗并晾干后，投放到建构活动区，作搭建和垒高的玩具。乐乐平时来园较迟，几次都没能选到鲜奶，有点失望。本周轮到乐乐值日，在教师和家长的引导下，他自己调好小闹钟，每天起床后很快完成洗漱，早早来园，获得选择鲜奶的机会。乐乐非常开心，一周过去后，他仍坚持早睡早起，保持了早早来园的习惯，老师和妈妈都表扬了乐乐。

5. 延迟满足：任务驱动，提升自控力的目标感

美国人格心理学家米歇尔最早提出"延迟满足"的概念，他认为延迟满足不仅是幼儿自我控制的核心成分和重要技能，也是社会化和情绪调节的重要

成分，更是伴随人一生的人格力量。[①]

幼儿在延迟满足的过程中需要动用意志力调节情绪、抵制诱惑，这些都是自控力发展中非常重要的心理过程。“棉花糖实验”也发现幼儿的自控力与未来的发展有很大的关系。[②] 在生活场景中，教师和家长都可以有意识地创设一些任务，让幼儿的自控力在目标的指引下得以发展，也可以用契约的方式强化习惯的养成。

案例：延迟满足

米多和妈妈约定：如果米多在幼儿园午餐时不挑食，并得到老师奖励的五颗小星星的话，周五晚就可以看一集喜欢的动画片。妈妈说：“如果米多可以做到周五不看动画片，那么周日就可以看两集。”米多想了想，就选择在周五听妈妈讲睡前故事，周六白天去小公园玩，晚上做手工和画画，坚持到了周日，按约定看了两集动画片。

活动方案
《自控小超人》

总之，幼儿阶段是个体成长的关键期，不论是幼儿心理健康还是人格品质的发展，都需要以自控力为前提。成人要明确自控力培养的意义，掌握自控力培养的方法，为幼儿发展奠定良好的基础。

第四节　幼儿创造性的呵护

关键问题

- 什么是创造性？
- 如何促进幼儿的创造性？

---

① 米歇尔．延迟满足［M］．北京：中信出版集团，2023：108.
② 米歇尔．延迟满足［M］．北京：中信出版集团，2023：49.

创造性不仅仅是幼儿重要的积极人格要素，更是其智力、认知思维、意志品质的综合体现。《3—6岁儿童学习与发展指南》中特别强调"要充分尊重和保护幼儿的好奇心和学习兴趣，帮助幼儿逐步养成积极主动、认真专注、不怕困难、敢于探究和尝试、乐于想象和创造等良好学习品质"。幼儿期是创造性的萌发期和发展关键期，教师及家长应当结合幼儿创造性的发展特点，通过各种适宜的教学方式和教育措施，激发幼儿的求知欲与探索力，促进其创造性思维和创造性人格的全面发展。

一、创造性的内涵

创造性也称为创造力，是一种运用已知信息，产生某种新颖、独特、有社会价值或个人价值产品的能力。① 也有学者将创造性看作是一种智力品质。因为智力是创造性的基础，是创造性的必要条件。尽管智力不是创造性的充分条件，然而不可否认的是，创造性是人类高层次的心理活动，是智力的高级形式。②

二、幼儿创造性的发展

虽然幼儿的创造性受到自身智力水平、认知思维、人格特质等内在因素，以及环境氛围、教育引导、资源条件等外在因素的影响，会表现出一定程度的个体差异，但是基于3—6岁幼儿的整体发展水平，其创造性往往呈现出相似的发展规律和表现特征。随着幼儿在动作、言语、感知觉、想象、思维及人格特征等方面的发展，其创造性也逐渐开始萌芽，并在游戏、教学活动、人际交往等过程中得以体现和发展。

幼儿的创造性在层次水平和表现方式上也呈现出一定的变化趋势，3—6岁进入一个螺旋式上升的发展阶段，但发展过程并不是匀速推进的，而是有一定的波动性，3—4岁进入萌芽期，4—5岁开始快速发展，5—6岁发展相对稳定甚至出现一定的起伏。

---

① 卢乐山，梁志燊，霍力岩．中国学前教育百科全书：教育理论卷［M］．沈阳：沈阳出版社，1995：43.

② 林崇德．创造性心理学［M］．北京：北京师范大学出版社，2018：22-23.

（一）萌芽期

3—4 岁是幼儿创造性发展的萌芽期，发展水平相对较低，速度相对较慢。一般而言，虽然小班幼儿已经开始出现一些创造性的尝试和表达，但是其创造性想象和表现水平比较初级，基本上是对生活中某些经验的重现。例如，小班幼儿能够在成人引导下展开一定的创造性想象，但是其内容通常缺乏独创性和新颖性，如果有 1 个人说教师拿的玩具像太阳，那么多数孩子往往会表达出相同或者类似的想象。这一方面是受幼儿的认知水平、思维能力和生活经验所限，幼儿只能基于有限的认知材料进行想象加工；另一方面是受其表达能力所限，即使幼儿脑海中已经浮现出一些创造性的想法，有时候也无法准确表达。因此这一阶段幼儿主要通过观察和对周边环境进行初步探索的方式，不断积累感官经验和想象素材，从而为其日后的创造想象和创造活动做准备。

（二）快速发展期

4—5 岁的幼儿进入创造性发展的高峰时期，表现出更为新颖和丰富的创造力。研究表明 4—5 岁是幼儿创造性发展最迅速的时期，尤其是创造性思维和创造性想象的发展水平在这一阶段得到显著的提升。① 这是因为对于中班幼儿来说，他们已经能够很好地适应幼儿园生活，并从教学活动和同伴交往中积累了大量的经验和素材，其语言理解与表达能力、抽象思维能力和有意想象能力也得到很大的发展，游戏的种类和深度有所增加，活动的自主性和独立性均显著增强。因此，幼儿得以更为细致地观察不同的人、事、物，更为自由地探索周边的环境、表达自己的创意。例如，中班幼儿能够不依赖教师的范例，从更为多样的视角进行创造性想象，创造活动表现出更大的新颖性和丰富性。在以“男孩和女孩”为主题的语言活动中，很多幼儿不仅从人体与性别的角度进行思考，还会对动物、植物，甚至是日常用品等进行再造想象，而且幼儿之间虽然会相互模仿，但开始表现出明显的独创性。

---

① 叶平枝，马倩茹．2—6 岁儿童创造性思维发展的特点及规律［J］．学前教育研究，2012（8）：36-41.

（三）相对稳定期

5—6 岁幼儿的创造性发展进入一个相对稳定或是略有起伏的状态。虽然幼儿的创造性水平随着年龄的增长而逐渐提高，但是这一发展过程并不是稳步推进的，而是表现出一定的起伏性。以往研究发现，5—6 岁是幼儿创造性发展的“高原期”，也就是其创造性发展的速度明显减缓甚至出现一定的回落。① 大班幼儿的各方面能力已经得到较好的发展，创造想象及抽象思维的水平进一步提升，其创造性的发展速度逐渐趋于稳定。但是与此同时，幼儿由于受到更多的理性和逻辑思维训练，开始能够接受和理解事物间的普遍规律和内在逻辑，因此其创造性想象和创造性思维的自由发展开始受到限制。

三、幼儿创造性的表现特征

幼儿的创造性表现方式往往与成年人有很大差异，比如奇妙的想象力、刨根问底的好奇心等。一般而言，幼儿创造性通常会呈现出较为一致且鲜明的群体特征。

（一）以好奇、探索为主要动力

幼儿的创造性活动充满好奇心和探索性。②3—6 岁幼儿已有生活经验与心理能力尚不完备，缺乏创造所需的知识储备。但也正是因为所知甚少，幼儿便化身为“行走的十万个为什么”，他们对身边的万事万物表现出强烈的好奇，渴望探索与了解周边世界，这些是幼儿创造性萌发的主要动力。因此，幼儿初期的创造性往往表现在好奇好问、敏锐探索的行为中。

（二）以自发性强、目的性弱的表达式创造为主要表现

创造从低到高可以划分为 5 个层次：表达式创造、技术性创造、发明式的创造、革新式创造和突现式的创造。表达式创造指的是以自由和兴趣为基础，因情境而产生，随兴致而感发，但是却具有某种创意的行为表现，这种层次的

---

① 胡静．我国近二十年幼儿创造力研究概述［J］．教育与教学研究，2013，27（4）：118-121.

② 周念丽．学前儿童发展心理学［M］．3 版．上海：华东师范大学出版社．2014：178-179.

创造力常见于幼儿。[①] 因为幼儿的创造性活动往往开始于自由兴趣和自发行为，没有明确的目的性，主要以表达想法和满足需要为指向，所以表现出一种随性而发的状态，能够不受确定目标的限制而得以自由发挥。

（三）以具体、直观的创造性想象为主要方式

3—6 岁幼儿仍以具体形象思维为主，所以想象这种思维模式既需要一定的具象化材料，也需要对这种材料进行再加工。幼儿已经储备了一定的具体形象经验，同时还未受到理性和逻辑的束缚，进而可以对这些形象进行与众不同的再造加工。因此，幼儿的创造性想象往往表现出“天马行空”，而成人受到规范和习惯的影响思维相对固化。

此外，富有创造性的幼儿还表现出一些其他方面的心理特点。例如，有研究表明创造力较高的幼儿往往对新鲜事物和新环境的接受和适应能力更强，更不容易表现出分离焦虑；他们更愿意倾听他人，乐于交流，面对困难时更加乐观等。幼儿的自信与其创造性活动也是一个良性循环系统，自信会促使幼儿进行创造性活动，而创造性活动的成功体验又有利于幼儿自信水平的提高。[②] 由此可见，创造性与幼儿的社会适应、心理健康和人格发展有着密切的联系，因此，培养幼儿的创造性将有助于其健全人格的培养。

四、幼儿创造性的培养方法

由于 3—6 岁幼儿的身心发展尚未成熟，认知思维水平较低，创造活动的目的性和概括性不够清晰，因此其创造性的价值并不突出，属于初级层次的创造。每个幼儿都具有创造的潜能，他们在每一种活动中都有可能表现出创造性，而且幼儿的可塑性极强，随着其认知能力的发展、生活经验和知识的积累，如果能够在适宜的环境中获得正确的引导与教育，幼儿的创造性潜能便能够得到有效激发，并逐渐发展出具有持久性和稳定性的高层次创造能力。因此，教师要在正确认识幼儿创造性的表现及发展特征的基础上，把握幼儿创造性发展的关键期。

---

① 胡静 . 我国近二十年幼儿创造力研究概述［J］. 教育与教学研究，2013，27（4）：118-121.

② 张先敏 . 幼儿园 3—6 岁幼儿创造力培养策略研究［D］. 南充：西华师范大学，2016.

（一）正确认识创造性，尊重、支持幼儿的创造“心向”

第一，教师需要对幼儿的创造性有科学的认知——创造性不是部分个体的先天才能，而是每个幼儿都具备的，可以后天培养的潜能，而且是能够在任何领域和活动中体现出来的。另外，幼儿创造性的发展需要一定的条件基础，除了前面提到的认知、思维等智力因素的作用之外，还有创造性人格等非智力因素的影响。

第二，幼儿创造性的两大支柱是“好奇心”和“自信心”，[①] 这是幼儿进行创造活动的最重要的驱动力。所以，教师应当在保护儿童自信心和自尊心的基础上，对于其表现出的好奇心和求知欲给予肯定，不能因为幼儿表现出不合常理或是不切实际的想法就武断地否定其探索世界的需求。由于幼儿的创造性处于一个相对初级的早期阶段，其表达和运用创造力的能力尚在发展过程中，因此对于幼儿来说，重要的不是创造水平有多高，而是敢于创造和习惯于创造的“心向”。[②] 教师要对幼儿尝试进行创造的表达和行为给予充分的尊重、支持和鼓励，关注其创造的过程，而不是仅仅根据行为的结果进行评价。

（二）创设适宜的环境，为幼儿创造性发展奠定基础

正如斯滕伯格所言，环境是创造性的六大基本要素之一，更是其中唯一一个外部因素。教师可以直接参与并积极塑造环境，这里的环境既包括前面所说的接纳、尊重、支持所营造的心理环境，也包括生活中不可或缺的物质环境。

幼儿的创造和想象需要建立在已有经验的基础上，这就意味着幼儿发挥其创造性的前提是获得足够的感官材料和经验积累。丰富且适宜的环境创设能够培养幼儿的好奇心和探索欲，促进幼儿创造性的发展。例如，教师创设多感官、可操作、开放性的环境，为幼儿提供丰富多样的物质材料和充分自由的探索空间；在教室内外为幼儿的创造性成果提供集中展示的区域，便于幼儿之间相互学习和交流，也可以进一步提高幼儿的成就感；同时，幼儿园还

---

① 刘文，李明．儿童创造性人格的研究新进展［J］．湖南师范大学教育科学学报，2010，9（3）：64-67.

② 胡静．我国近二十年幼儿创造力研究概述［J］．教育与教学研究，2013，27（4）：118-121.

可以带领幼儿参观不同类型的自然、人文景观，帮助幼儿获得更多的感官体验、积累丰富多样的生活经验，为再造想象、多元思维和有意创造的发展奠定基础。

（三）因材施教，满足幼儿创造性发展的差异化需求

与众多心理品质一样，创造性也因其复杂的内外因素和影响机制表现出较大的个体差异性。只有正视并满足幼儿创造性在群体层面、个体层面和领域层面表现出的差异化需求，才能更为有效地因材施教。

1. 创造性在群体层面具有差异性

教师应当关注幼儿发展的整体趋势和差异化需求，把握创造性发展的关键期，采取有效的教学方式促进幼儿创造性思维和创造性人格的发展。例如，对于创造性萌芽期的小班幼儿，教师可以投入更多幼儿熟悉的具象化材料，组织情境性较强的创造活动，激发好奇心和探索欲，帮助幼儿积累创造和想象的基础材料。对于快速发展期的中班幼儿，教师应当引导幼儿进行更多实践性和操作性的创造活动，促进幼儿的发散思维和有意想象的发展。大班幼儿处于创造性发展的波动期，教师应当关注其创造性人格品质的养成。

2. 个体层面具有差异性

不同幼儿的创造意识和能力也各有不同，教师应当积极关注并有针对性地采取不同的引导方式。例如，对于某些缺乏探索欲和好奇心的幼儿，教师可以通过故事导入、角色游戏等多种方式，激发儿童的探索欲和好奇心，并在幼儿遇到困难、试图退缩的时候及时给予帮助和鼓励，引导幼儿利用自己的经验创造性解决问题；而对于创造意识较强的幼儿，教师要满足幼儿的创造需求，引导幼儿尝试具有一定挑战性的探索，锻炼幼儿面对困难、坚持不懈以及解决问题的能力。

3. 不同领域的差异性

幼儿在不同领域的表现是存在差异的。例如，某个幼儿在科学活动中常常无兴趣，不求甚解，但是在绘画时却能创意连连。因此，教师要通过日常活动中幼儿的行为表现，及时发现幼儿的兴趣爱好，为其优势领域提供足够自由发挥的空间，对其兴趣相对不足的领域则给予充分的尊重和引导，满足幼儿的个性化需求。

（四）在教学活动和游戏中培养幼儿的创造性

虽然幼儿的创造性会集中体现在某些优势领域中，但是创造性的萌发不是一种孤立的现象，而是幼儿思维品质与人格特质等多因素综合作用的结果，其呈现方式和发展路径也不会局限在单一领域中。教师可以充分挖掘这些不同类型活动中的教学资源和教育契机，将幼儿创造性的培养有机地嵌入幼儿园的日常教学与游戏活动之中，为幼儿创造性的发挥与发展提供更多的空间和可能。

1. 在教学活动中培养幼儿的创造性

教师要结合幼儿的发展水平和需求，积极营造并有效把握在健康、语言、社会、科学、艺术五大领域活动中出现的创造性教育契机。在健康领域中，教师应当着重培养幼儿自信勇敢、坚持不懈等重要的创造性人格品质，这是幼儿克服困难，实现创造目标的重要保证。在语言领域，教师应当为幼儿提供自由表达和交流互动的空间，培养幼儿主动表达自己想法的意识和能力，用生动的故事激发幼儿的兴趣，并用改编和续编等方式激发幼儿想象力。在社会领域，教师可以通过日常生活中常见的情境和问题，引发幼儿对解决问题和困难的思考，培养其合作意识和团队精神。在科学领域中，教师可以运用有趣新奇的科学知识和工具，激发幼儿内在的好奇心和求知欲，着重培养幼儿细心观察、逻辑思维、动手操作与解决问题等能力。艺术领域是幼儿发挥创造力的高频领域，50% 的教师认为幼儿创造力表现在幼儿的艺术作品中，如绘画、手工等。[①] 因此，教师可以借助多种不同形式的艺术手段，激发幼儿的想象力和创造力。但是很多教师在进行艺术教学活动中，往往通过展示“范例”来开展教学，这虽然能够引导部分能力较弱的幼儿进行创作，但是也容易限制幼儿的想象力，最后变成千篇一律的模仿。因此，教师可以先鼓励幼儿进行积极想象和自由表现，如果遇到困难再借助一些开放性的素材激发幼儿的灵感和创造性。

2. 在自由游戏中培养幼儿的创造性

游戏作为幼儿最主要的活动方式和学习途径，往往综合了不同领域的多重要素，因此也成为幼儿创造性表达与发展最为关键的培养土壤。正如维果茨

① 张先敏 . 幼儿园 3—6 岁幼儿创造力培养策略研究［D］. 南充：西华师范大学，2016.

基所言，儿童的游戏不是简单地重新集合过去已有的经验，而是对过去经验的一种创造性加工，游戏是儿童为自己创造的“最近发展区”，这是以教师为主导的教学活动所无法实现的。游戏可以为幼儿提供一种自由与安全的心理环境，可以有效激发幼儿的内在动力。游戏因增加了幼儿行为的自由度而促进了幼儿发散性思维“变通性”的发展。① 同时，游戏的基础是想象，幼儿需要不断增进想象的目的性，并促使它朝着创造想象的方向发展。② 教师要结合不同年龄幼儿的游戏发展水平，通过多种多样的游戏方式促进其创造性的发展。小班幼儿可以通过角色游戏模仿各种现实中的场景，并在此基础上探索不同的游戏方式；中班幼儿可以通过象征性游戏，逐渐掌握以物代物等多种解决问题的方法，进而不断提高其发散性思维和抽象能力；大班幼儿可以进行创造性游戏，不断拓展其创造的领域和深度。教师要注意尊重幼儿在游戏中的自主权和主体性，尽可能不干预幼儿的自由游戏，更要保证幼儿有充足的游戏时间和游戏空间。

两个活动方案

在幼儿的众多游戏中，沙构游戏是一种集表达性、建构性、情境性和社会性于一体的综合性游戏，能够为幼儿的创造想象、自我表达、社会交往、人格整合等心理能力的发展提供积极的促进作用，这也是下一章将要重点介绍的内容。

思考题

一、名词解释

自尊心；自控力；创造性

二、简述题

1. 幼儿自信心的发生、发展有哪些影响因素？
2. 自控力的培养原则有哪些？
3. 如何培养幼儿的创造性？

三、案例分析题

搜集小班幼儿自信心良好的案例、中班幼儿自尊心过高的案例、大班幼儿创造性积木或绘画作品。

第三章答案

① 王小英．幼儿创造力发展的特点及其教育教学对策［J］．东北师大学报，2005（2）：149-154.

② 陈帼眉，冯晓霞，庞丽娟．学前儿童发展心理学［M］．北京：北京师范大学出版社，2013：216.

第四章
沙构游戏

学习目标

1. 熟悉幼儿沙构游戏的特点、基本理念、基本材料。
2. 了解沙构游戏的主题。
3. 掌握幼儿沙构游戏的组织模式与流程、策略。

思维导图

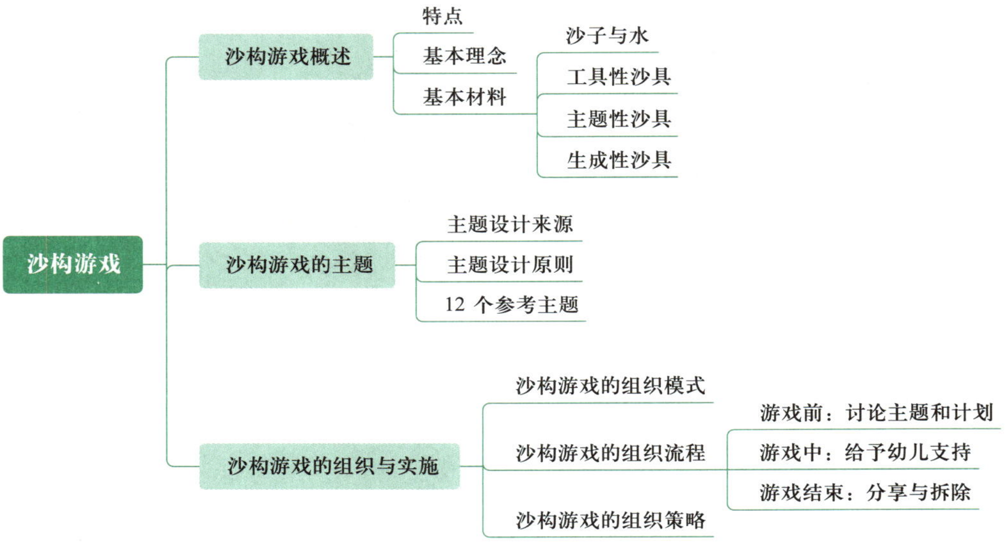

第一节　沙构游戏概述

关键问题

- 沙构游戏有哪些特点？
- 沙构游戏的基本理念是什么？
- 沙构游戏基本材料包括哪些种类？

沙构游戏（sand constructional play），是一种建构游戏。在一个自由和受保护的空间中，幼儿借助投射性的沙子、水、沙具等材料进行游戏。沙构游戏结合了幼儿沙池游戏的活动方式与心理沙盘游戏的丰富材料，可以有效促进幼儿心理健康的发展。

一、沙构游戏的特点

沙构游戏相较于其他幼儿园常见的游戏，具有以下四方面的优势：

第一，沙子具有可触、可塑与移动的特性，幼儿通过触觉和运动觉作用于大脑神经，产生愉悦和兴奋的情绪。孩子通过抛洒、拍打等方式，把自己的情绪和不满发泄出来，缓解心理压力，有利于孩子的心理健康。

第二，“游戏化”的操作。沙子、沙具本质上就是幼儿的玩具，幼儿在整个沙构游戏过程中不需要具备任何技能，只需要发挥其游戏的天性即可，因此沙子的可操作性较高。幼儿在游戏过程中，注意力集中时间较长，能充分调动其主动性和积极性，为幼儿的内心世界的表达提供一种途径。

第三，“非言语”的沟通。同沙盘游戏一样，沙构游戏中“非言语”的无意识表达，打破了言语的限制。幼儿在游戏中无须借助语言等外在形式，只要自由地表达和创造，便可以反映出其内在需求与发展现状。教师通过对其自然游戏行为进行观察和解读，了解幼儿的无意识，进而促进幼儿内在心理与外在行为的整合性发展。沙构游戏适合低龄幼儿表达情绪、需要等内在心理状态。

第四，“自由创造”的形式。创造“自由与受保护的空间”是沙构游戏的基本理念，通过营造自由创造的氛围，有助于保障幼儿创作的自主性和流畅性，增强幼儿的自我成就感，促进其自信心、自尊感等积极人格品质的发展。

二、沙构游戏的基本理念

沙构游戏是在无意识理论的基础上，通过“沙子、沙具”来发挥原型和象征性作用的。洛温菲尔德提出，幼儿通过游戏表达自己的想法，所以必须给他们提供足够的空间进行游戏，这对健全人格的发展极为重要。①

沙构游戏最核心的理念就是创造“自由与受保护的空间”：教师无条件的积极关注保证幼儿身心自由，非语言的支持陪伴带来保护，孩子的心灵就在自由与保护共同营造的安全感中得到滋养。根据马斯洛的需求理论，安全感是每个人生存的基本需求。在沙构游戏中，安全感至关重要，因为安全感会让孩子感到放松与自在，这是表达和沟通的前提；安全感带来的接纳与信任为关系的建立提供可能性；安全感会让孩子呈现出最自然的本我状态，这是观察评价准确性的保证，更是儿童得以健康成长和自由创造的重要土壤。

三、沙构游戏的基本材料

沙构游戏的基本材料包括：作为物质材料的沙子与水，以及作为创造性材料的三类沙具（工具性沙具、主题性沙具、生成性沙具）。

（一）沙子与水

沙子与游戏有一种非常天然的联系，幼儿与成人对玩沙都有一种来自无意识的喜爱。沙子是沙构游戏中最灵动的材料，沙子可以被抚平、挖掘、塑形、推拉、抛洒，沙子的流动性和可塑性为沙构游戏带来无限的可能。通过对沙子的使用与操作，沙构游戏中呈现出一个个奇妙的心理世界，即所谓的“一沙一世界”。幼儿通过玩沙，运用多种多样的工具和材料，练习各种动作技能，

---

① 程煜琦，丛贝勒．结构式团体沙盘心理技术理论分析及应用探析［J］．社会科学前沿，2023（12）：7138-7144.

促进精细动作、大肌肉动作以及手眼协调能力的发展。

此外，无论是在幼儿园中还是生活场景中，沙和水常常是密不可分的，两者都是充满魅力和变化的自然材料。沙构游戏中水的加入，让流动的沙子转变成更具可塑性的固体形态，进一步增加游戏的趣味性和复杂性，使游戏更加丰富和多变。

（二）工具性沙具

在沙构游戏的材料中，也需要提供数量适中的基本工具性沙具，例如各种挖沙、盛沙的工具（图 4-1-1）。幼儿用工具性沙具主要进行挖、埋、堆等简单的动作练习以及低结构的搭建游戏，以便获得一定的熟悉感和安全感，为深入游戏打下基础。

图 4-1-1　工具性沙具

（三）主题性沙具

对幼儿的游戏和发展来说，除了工具性沙具外，在沙构游戏中投放丰富的主题性沙具也是很有必要的，比如童话卡通类、家具家居类、动物植物类、房屋建筑类、交通工具类等（图 4-1-2）。这些不同种类的沙具能够将创造游戏引入沙池，帮助幼儿进一步拓展游戏的深度与广度。

植物类

交通工具类

图 4-1-2　主题性沙具举例

主题性沙具是沙构游戏中最基本的组成要素和象征性载体，是幼儿意识的心象表现及象征语言，成人提供的沙具种类越多，幼儿能够选择和使用的“词汇”也就越丰富，越具有创造性。[①] 幼儿通过选择和摆放沙具，使用象征性语言表达内在的心理世界，将无意识的自我有形化、直观化，进而更好地认识自己，让教师了解自己，逐步实现积极人格和社会性的发展。

（四）生成性沙具

生成性沙具是教师或幼儿根据游戏主题选择和增加的自主性材料，目的是补充沙构游戏过程中幼儿的创造性需求（图 4-1-3）。教师可以从幼儿园的环境材料、园本资源和班级资源中选取。例如，积木、纸杯、圆筒、易拉罐、彩纸等低结构材料。

教师在指导幼儿参与沙构游戏时，特别要关注沙具的投放。一是要保证基本材料。工具性沙具是每次活动中都应为幼儿投放的，它们是参与沙构游戏有关活动的基本工具。二是根据主题或特定目标提供相应材料。如玩沙的主题是公园，除了用基本的材料来堆山、挖洞、做桥等，还需要一些生成性的材料，如积木、石块，可用来做亭子、椅子、假山，散落的树枝，可用来做公园的大树。教师还可以分层、分阶段投放不同种类的材料，并根据游戏的情况和进度进行调整与优化。教师通过对游戏过程的观察，根据幼儿的需

① 张日昇．箱庭疗法［M］．北京：人民教育出版社，2006：103-114.

求适时调整投放各种类型的沙具及辅助性材料，既能满足幼儿的操作需要，又能不断挑战幼儿的最近发展区，为幼儿的持续发展服务。

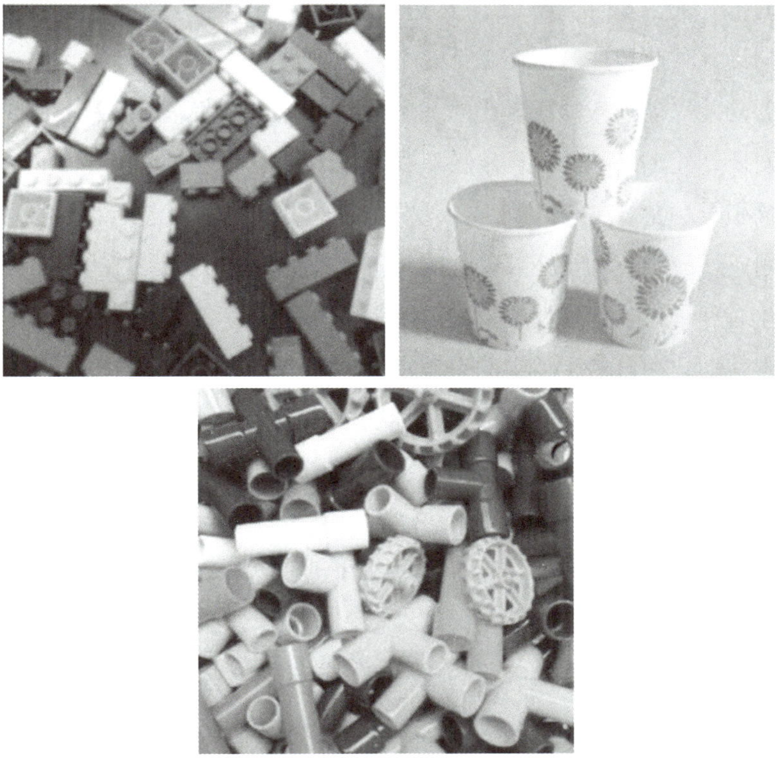

图 4-1-3　生成性沙具示例

第二节　沙构游戏的主题

关键问题

- 在选择主题来源时，应注意把握哪些方面？
- 设计主题时，应遵循哪些原则？

沙构游戏主题本质上服务于幼儿的发展需求。因此，在沙构游戏的实际活动过程中，主题的设计必须符合一定要求。

一、主题设计来源

幼儿沙构游戏的主题来源虽然是多元化、开放性的，但教师在进行主题的选择与设计时需要注意把握以下几个方面。

（1）幼儿兴趣。教师应成为幼儿学习活动的支持者、合作者、引导者，应当善于发现幼儿感兴趣的事物、游戏和偶发事件中所隐含的教育价值，把握时机，积极引导。游戏主题的确定，既要贴近幼儿的生活，选择幼儿感兴趣的事物和问题，还应当有助于拓展幼儿的经验和视野，这样幼儿对活动才有更多的兴趣，才有利于幼儿社会性的发展。所以在确定游戏内容和主题时，教师一定要仔细观察幼儿在日常生活中的兴趣点、关注点，以适时生成沙构游戏主题。

（2）日常活动。心理学家阿德勒认为："幼儿的心理是一件非常奇妙的事情。无论我们接触到哪一方面，它都会引人入胜，令人着迷。或许，最重要的事情就在于——要了解孩子的某一种特点行为，我们必须先了解这个孩子的全面生活。幼儿的每一种行为，都体现了他的全部生活和整体人格。我们把这种现象称之为人格的统一性。"① 在幼儿园中，班级日常进行的主题活动往往渗透在幼儿园一日生活中。经过游戏、探究、学习、讨论等不同形式的教学活动，幼儿对主题活动中涉及的内容会产生更为丰富的体验。教师要充分支持幼儿在生活中学习，并帮助他们不断地"改造和重组"自己的知识和经验，这是成人的责任。② 因此，教师在日常活动、教育活动中的各个环节，都应该利用一切机会引导幼儿观察周围生活，丰富幼儿的见闻，拓展幼儿的视野，加深幼儿对周围生活的体验和理解，并在此基础上自然地生发出沙构游戏的相关主题。

（3）生活经验。无论是城市还是农村，孩子们或多或少都会有一些本地、本园、家庭中的独特生活经历。例如，假期结束后，幼儿会把旅行的照片带入幼儿园，一部分幼儿在讨论中就会表现出展示自我的强烈兴趣。教师可以适时顺应幼儿的兴趣，组织开展以"假日旅行"为主题的沙构游戏。如果幼儿园里来了小动物，便可以开展以"小动物的家"为主题的沙构游戏。

---

① 阿德勒 . 儿童教育心理学［M］. 哈尔滨：黑龙江美术出版社，2019：18.

② 李季湄，冯晓霞 .《3—6 岁儿童学习与发展指南》解读［M］. 北京：人民教育出版社，2013：231.

二、主题设计原则

在主题式沙构游戏活动中，从讨论游戏的内容，到制定不同类型的主题，再到设计图纸，选择和收集相关游戏材料，最后到合作完成游戏，每一个环节都是以幼儿为主体的。根据幼儿的身心发展特点，沙构游戏的主题设计要遵循以下原则：

（1）重情境，吸引幼儿主动参与。教师有目的地引入或创设具有一定情感色彩的、生动具体的情境，以吸引幼儿积极主动参与沙构游戏，提高活动效率与教育价值。

（2）重实践，促进幼儿发展。教师给幼儿提供多样的实践活动机会，促进幼儿的动作发展、社会性发展，培养幼儿良好的情绪和积极人格。

（3）重体验，激活幼儿玩沙兴趣。结合游戏主题，选择合适的游戏内容，让幼儿在生动的、有趣的游戏氛围中积极参与游戏，体验沙构游戏带来的乐趣。

（4）分年龄。幼儿玩沙的动作虽然表面上看起来很相似，但其实不同年龄段的幼儿都会表现出不同的行为特点。所以沙构游戏的主题设计不能一概而论，需要针对不同年龄特点进行划分。如小班幼儿想象创造力较弱，以直观形象为主，可以初步体验沙子的一些特性；中班幼儿则以创造和想象为主；大班幼儿想象和创造能力有了一定的提高，可以适当加入挑战性内容等。此外，根据幼儿年龄的不同，不同主题可以形成诸多小的活动：如“大自然”主题下的走田埂、蚂蚁排队、小螃蟹找家、种花、寻宝、森林探险等活动。以大班“七彩沙滩”为例，其特色主题设计如表 4-2-1 所示。

表 4-2-1 “七彩沙滩”沙构游戏的主题设计样例

主题	七彩沙滩	完成时间	2 周
主题目标	1. 知道活泼开朗、友好善良的孩子更受小伙伴欢迎，体会沙构游戏过程中团体协作的重要性。 2. 通过自主探究、小组创意想象，描绘心中七彩沙滩的样貌，在建构中获得满足感，喜欢与同伴分享。 3. 学习“有的像……有的像……还有的像……”的句式，感受语言的美妙意境。 4. 知道沙滩上有各种各样美丽的贝壳、有趣的寄居蟹等，用多种表达方式来描述自己的观察、发现。 5. 了解沙滩环境被污染的情况，激发幼儿保护海洋生态环境的愿望，主动清理沙池		

续表

环境创设	1. 收集在沙滩上游戏的图片，在主题墙上进行展示。 2. 设计七彩沙滩，将幼儿画的螃蟹、贝壳布置成七彩沙滩主题墙。 3. 选择合适工具和沙具材料，如各种各样的贝壳，建构七彩沙滩
区角活动	美工区：提供各种各样的贝壳，彩泥，引导幼儿尝试用贝壳制作贝壳蛋糕等，并大胆装饰。 科学区：提供各种各样的贝壳和贝壳的图片，引导幼儿一一对应。引导幼儿尝试按照贝壳的颜色、大小、形状给贝壳排序、分类等。 表演区：提供《赶海的小姑娘》《水族馆》等音乐，绿色彩带、螃蟹、贝壳等头饰，方便幼儿进行角色扮演。 展示区：展示各种贝壳和贝壳工艺品，贴上标签
家长工作	1. 与幼儿共同收集孩子或他人在沙滩上活动的图片。 2. 有意识地与孩子交流有关沙滩的故事，拓展孩子有关沙滩的经验。 3. 收集各种各样的材料，如贝壳、小船、易拉罐等。 4. 邀请幼儿分享沙构游戏后的感受，丰富词汇

三、12个参考主题

表 4-2-2 根据不同阶段幼儿的发展需求，列举了 12 个参考主题。教师在实际教学过程中可以根据幼儿情况进行适当调整。

表 4-2-2　幼儿沙构游戏参考主题

适用场地	主题	建议适用对象
沙池	我的家	小班、中班
	好朋友	中班、大班
	动物晚餐	小班、中班、大班
	小小工程师	中班、大班
	我的家乡	小班、中班、大班
	小超市	中班、大班
	一起去旅行	小班、中班、大班
	我来当……	大班
	我的幼儿园	小班、中班、大班
	快乐农场	小班、中班、大班
	寻宝奇兵	中班、大班
	海边度假	中班、大班

案例

1.“我的家”主题

（1）适用对象：小班、中班。

（2）活动目的：缓解新生入园及新学期开始时的聚集性分离焦虑。通过帮助幼儿在游戏中回忆、体会和分享自己在家中的一些场景，引导幼儿在新的环境和集体中获得安全感，进而缓解其分离焦虑。此外，教师还可以从中了解幼儿的一些家庭情况，促进家园共育。

（3）配套沙具材料准备：家具家居类、生活用品类、食物食品类、人物人体类、童话卡通类、房屋建筑类等。

2.“好朋友”主题

（1）适用对象：中班、大班。

（2）活动目的：游戏以“好朋友”为主题线索，让幼儿在沙构游戏中体会与同伴之间的友好关系，提高幼儿的社会交往的意愿与能力。

（3）配套沙具材料准备：童话卡通类、家具家居类、生活用品类、动物类、房屋建筑类等。

3.“动物晚餐”主题

（1）适用对象：小班、中班、大班。

（2）活动目的：以“动物晚餐”为主题，幼儿可以根据不同动物及其食物偏好进行自由搭配，学会站在他人的角度选择其喜爱的食物，而不仅仅是根据自己的喜好选择，培养换位思考的意识和能力。

（3）配套沙具材料准备：动物类、家具家居类、生活用品类、食物食品类、童话卡通类、房屋建筑类、植物花朵类等。

4.“小小工程师”主题

（1）适用对象：中班、大班。

（2）活动目的：通过结合工程工具类沙具和建构类材料，引导幼儿发挥想象力和创造力，与同伴协作共同完成沙构游戏作品，培养程序性思维、规则意识和分享合作精神。

（3）配套沙具材料准备：工程工具类、建构类、房屋建筑类、植物类等。

5. “我的家乡”主题

（1）适用对象：小班、中班、大班。

（2）活动目的：引导幼儿从生活经验出发，了解家乡的美景与事物，进而培养热爱家乡、热爱生活的品质。同时，在共同努力“建造”家乡的游戏过程中，幼儿体会凝聚力与团结的力量，培养幼儿的合作意识与集体观念。

（3）配套沙具材料准备：房屋建筑类、植物类、动物类等。

6. “小超市”主题

（1）适用对象：中班、大班。

（2）活动目的：通过模拟超市中的物品整理与交换互动的过程，幼儿了解物品的基本分类方法及交换规则；通过互动性游戏交往，提高幼儿的分享意识、社交能力以及社会适应能力。

（3）配套沙具材料准备：生活用品类、食物食品类、房屋建筑类等。

7. “一起去旅行”主题

（1）适用对象：小班、中班、大班。

（2）活动目的：幼儿在沙构游戏中，结合已有生活经验，通过回忆、想象，共同创造旅行目的地，增强团队意识与归属感，加深幼儿间的友谊。

（3）配套沙具材料准备：房屋建筑类、童话卡通类、生活用品类、交通运输类、食物食品类、植物类等。

8. “我来当……”主题

（1）适用对象：大班。

（2）活动目的：幼儿通过职业角色扮演增加常识性知识，培养幼儿的社会适应能力，并引导幼儿认识不同职业。

（3）配套沙具材料准备：人物人体类、职业人物类、家具家居类等。

9. “我的幼儿园”主题

（1）适用对象：小班、中班、大班。

（2）活动目的：模拟幼儿园的生活学习场景，帮助幼儿熟悉幼儿园环境，提高幼儿爱护公共物品的意识。

（3）配套沙具材料准备：家居用品类、房屋建筑类等。

10.“快乐农场”主题

（1）适用对象：小班、中班、大班。

（2）活动目的：前期以规则意识培养为主，中期以秩序感养成为主，后期以团队合作与分享能力为主。

（3）配套沙具材料准备：动物类、植物类、童话卡通类、房屋建筑类等。尽量选择相对较大的沙具，可以适当增加一些低结构的建构类沙具作为补充。

11.“寻宝奇兵”主题

（1）适用对象：中班、大班。

（2）活动目的：不同小组会对其他小组提前藏好的“宝藏”进行搜寻，这一过程可能会引发幼儿的交往冲突，无形中也会为他们学习解决冲突创造机会。

（3）配套沙具材料准备：旗子、箱子、宝石、植物类、动物类等。

12.“海边度假”主题

（1）适用对象：中班、大班。

（2）活动目的：教师可以根据幼儿人数适当调整投放的材料数量，对于一些比较“抢手”的材料可以投放少于小组的数量，进而引导幼儿通过分享或交换练习沟通能力。同时，通过对自然场景的改造，培养幼儿对自然的珍惜和爱护之情。

（3）配套沙具材料准备：植物类、人物类、贝壳类、房屋建筑类、大块积木（搭房子、铺路）等。

总之，以上主题内容和材料可以作为参考，教师在对沙构游戏的主题进行设计与选择时，一定要结合不同年龄幼儿的发展水平、日常相关课程需要、场地及配套材料等实际情况进行调整。此外，同一个主题也可以进行连续多次的系列性活动，逐步增加活动的广度和深度。

第三节 沙构游戏的组织与实施

关键问题

- 如何组织沙构游戏?
- 在投放不同材料时，教师重点观察什么?
- 沙构游戏的组织策略有哪些?

沙构游戏的开展与其他游戏既有共性，也有一定的差异性。本节将对沙构游戏的组织与实施进行介绍。

一、沙构游戏的组织模式

C 园是杭州市余杭区唯一一家拥有“省培沙构基地”的幼儿园，从 2017 年开始进行沙构游戏的探索。我们以 C 园为代表，总结出一套教师在沙构游戏中进行活动教学与观察分析的方法和模式，如图 4–3–1 所示。

首先，幼儿园选拔不同层次的教师（新手教师、骨干教师、专家教师等）组成沙构游戏核心组。然后，分别按照大、中、小班的教学计划开展游戏，各年龄班执教教师由园所统一调配，既可以是同班教师，也可以跨班级组合。在实际操作中执教教师要提前做好组织工作，通知组内人员，架好摄像设备，组内人员分工进行记录，课后填写表格并整理成电子资料。活动结束后，沙构游戏核心组定期开展研讨会议，进行沙构游戏案例分析和交流讨论。最后，基于一系列沙构游戏的活动内容和资料形成相应成果（活动总结、案例报告、研讨论文等）。

二、沙构游戏的组织流程

各年龄班建议每周开展一次沙构游戏，一般沙构游戏以 45 ~ 60 分钟为宜，整个活动流程如图 4–3–2 所示。教师要做好分工，每人记录 5 ~ 6 名幼儿。

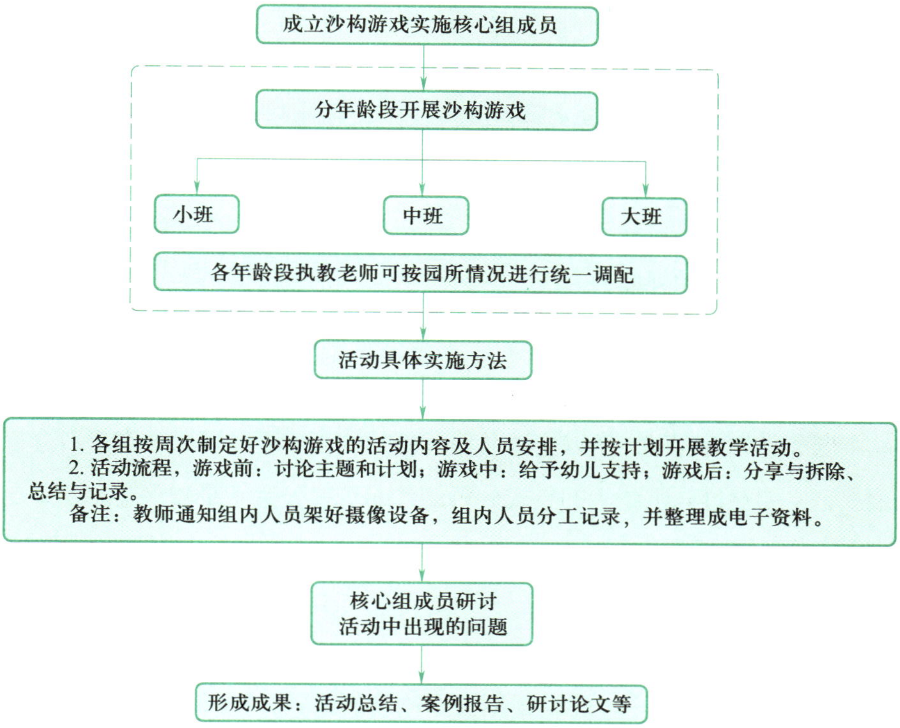

图 4-3-1　幼儿沙构游戏的组织模式

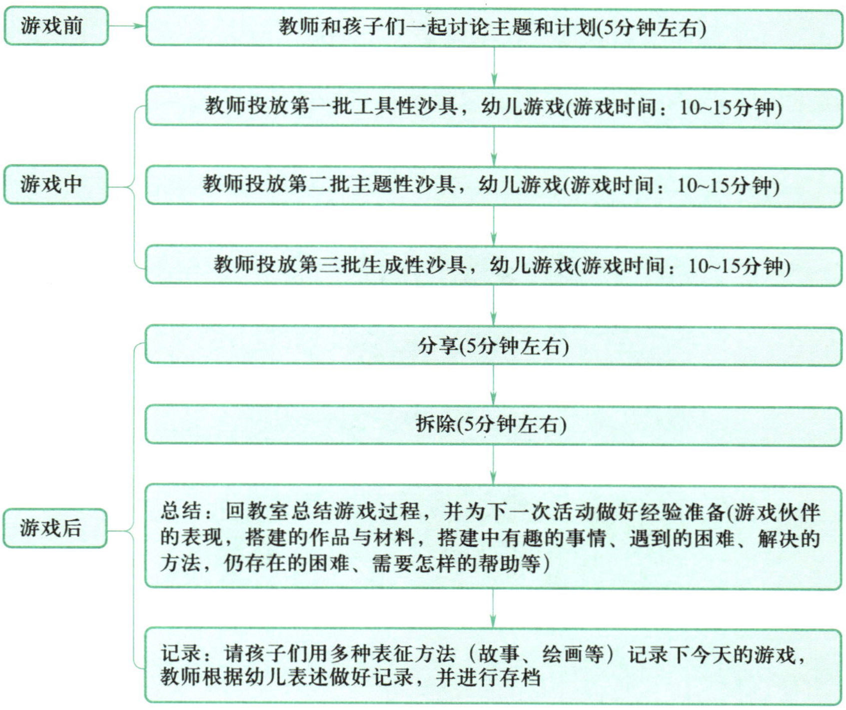

图 4-3-2　沙构游戏的活动流程

（一）游戏前：讨论主题和计划

游戏前的准备工作主要在教室进行。在沙构游戏活动开展之前，教师应该通过与幼儿的讨论，提出在游戏过程中应该遵守的游戏规则，例如不能乱扔沙子，不能吃沙子，玩沙后要洗手等。教师可以考虑与幼儿共同制定规则，有助于幼儿间相互提醒和监督。

游戏前，最为重要的任务是讨论主题和计划。讨论的目的是激起幼儿对沙构游戏的兴趣，同时给予孩子大胆自信地表达与分享的机会，让幼儿加深对活动主题和计划的理解。所以在此阶段，教师的观察要点可以放在进行分享的孩子上，主要通过倾听记录的方式分析幼儿的语言表达水平和兴趣。

（二）游戏中：给予幼儿支持

此阶段，师生走出教室，准备开始沙构游戏。

幼儿换好鞋（图 4-3-3），根据自己的意愿组队，在沙池中选择区域进行主题建构。在进入沙池前，教师在不同小组内选择几位重点观察的幼儿或语言表达能力较强的幼儿，为他们佩戴录音器材。佩戴录音器材的目的是更好地记录幼儿在沙构游戏中的互动与交流过程，了解幼儿游戏的需求、建构的内容，为后续的团队研讨提供分析材料，以便更准确地评估与分析幼儿的游戏与发展。此外，如果遇到不是本班幼儿参与活动的情况，可在幼儿背后贴上数字标签。

图 4-3-3　游戏开始前的准备工作

1. 使用第一批工具性沙具的游戏时间

教师投放工具性沙具，幼儿自主选择工具进行沙构游戏，感受沙的柔软、细腻。此阶段幼儿进行 10 分钟左右的游戏和动作练习。第一批工具材料的游戏时间之所以设置为 10 分钟，是因为幼儿对于第一批的工具材料相对来说是熟悉的，通过这 10 分钟的挖、铲等动作练习，可以快速进入游戏状态。

2. 使用第二批主题性沙具的游戏时间

因为幼儿有意注意的时间相对不长，如果工具性操作时间过长，那么幼儿可能因为重复挖、铲、堆等动作而逐渐失去兴趣。这一环节是幼儿进行沙构游戏的高潮部分，所以教师要对幼儿进行细致、深入的观察。在幼儿选好材料后，教师可以根据第一次工具性沙具的游戏情况进行目的观察。目的观察是教师有计划、有目的地聚焦幼儿某种行为的观察方式。使用目的观察，教师要将观察的结果和自己预想的结果进行对比。当出现一些的新的变化时，例如幼儿又出现新的组队时，教师就要适时进行随机观察。随机观察聚焦观察过程中偶然发现的具有观察价值的现象。当幼儿语言交流过快的时候，教师可以一边拍摄视频，一边记录关键词。这一环节游戏过程片段如图 4-3-4 所示。

图 4-3-4　主题性沙具的游戏时间

同时，在这一阶段中，教师不仅要关注幼儿组队的变化，还要重点观察幼儿在拿取和使用材料中，是否出现争抢的行为，以及当与同伴喜欢同一种材料时，是否会分享、谦让等。因为第二批游戏材料相对新颖、种类丰富，而且幼儿分享的意识和能力相对不一，所以在幼儿拿取材料时，教师要进一步关注幼儿的分享意识和能力。当幼儿发生争抢行为并出现肢体上的冲突时，教师要及时介入引导；如果只是语言上的冲突，教师可以在旁观察记录幼儿的对话，待到幼儿自己解决问题后，在后面的评析环节着重与幼儿交流。

3. 使用第三批生成性沙具的游戏时间

生成性沙具对于发展幼儿的创造性和想象力有很大的帮助。孩子们可以根据自己的游戏需求，利用一些低结构、自然类的生成性材料制作自己想要的玩具，提高沙构作品的丰富性和多样性（图 4–3–5）。

图 4–3–5　生成性沙具的游戏时间

在进入沙池的过程中，教师要重点观察在此阶段幼儿有没有出现组合游戏，记录组合游戏玩了什么、怎么玩的，同时需要记录个别幼儿单独游戏的情况。

在幼儿需要获得支持时，教师在此阶段可深度介入。幼儿在玩沙活动中，不同年龄段的幼儿使用的方式有所不同。小班的幼儿大多会从直觉出发，边玩边探索，边玩边发现。中班幼儿逐步开始选择功能性的游戏。大班幼儿在玩沙游戏中，搭建的场景更丰富、游戏互动更多。例如，小班很多幼儿喜欢看并感受沙子从指缝间落下，会被沙的自然形态吸引；中班幼儿在玩沙游戏中，会尝试做一些探索，用沙子制作他们熟悉的楼房、街道等，让其他幼儿来欣赏；大班幼儿新盖一个房子时，会对同伴说："请你来我的家里做客，我请你吃好吃的东西。"教师在观察中，应该根据幼儿的发展阶段和状态，捕捉游戏指导契机，借助介入和询问等方式，和幼儿一起拓展游戏内容，提升游戏质量。

（三）游戏后：分享与拆除，总结与记录

1. 分享

在此环节中，很多幼儿还沉浸在建构中，所以在分享中教师无需要求所有的幼儿参观别人的作品（图 4–3–6），只需要带领愿意参观的幼儿一起到处看一看，让愿意分享的幼儿大胆介绍自己的作品。分享中，教师可以拍下所有作品的照片，以便在讲评环节进行播放、交流。

图 4-3-6 游戏作品

2. 拆除

在这个环节中，教师要观察幼儿的表现，比如是否还津津乐道地谈论建构的过程，是否爱护沙具，是否将沙池中的沙具捡起并分类放回筐子。之后，幼儿换鞋、洗手、喝水，回到教室。

幼儿园沙构游戏案例

3. 总结

回到教室后，教师可以组织幼儿对沙构游戏进行总结，以便为下一次活动做好准备。

4. 记录

在活动结束后，教师要及时整理和汇总游戏过程中观察到的幼儿表现，完成活动观察记录表，也可以组织幼儿对沙构游戏进行表征（图 4-3-7）。

我们的故事

主题介绍：	开心的事：	搭建问题：	互动问题：	下次期望：
我们用轨道围了一个围栏，里面有陆地上的动物，还有水里的，这边大的积木代表凶猛的动物	我和晨晨搭的每个城堡里都有一个好玩的游戏。可儿他们说城堡很好看	石头放在那里铺路太小，安安没看见，踩上去了；冉冉插的树枝太少，别的小朋友以为冉冉不要了就拿走了	这是叮当搭的，都不知道他是什么意思。我后来就自己搭了，我们总是吵架	我们这里有一片花田，下次我还想用大的花装饰，排整齐

图 4-3-7 幼儿介绍作品

三、沙构游戏的组织策略

第一，确定主题，创设主题环境。各年龄段班级开展沙构游戏前，可以将主题元素融入环境中，以便为幼儿开展沙构游戏提供适切的环境和背景，有助于幼儿投入游戏，使得游戏内容更丰富。在主题环境的引导下，幼儿在游戏中的专注度、社交意愿、合作程度都明显优于无主题的玩沙活动，且整体的人际关系较为融洽，幼儿更自信、自主地参与游戏，活动质量明显提高。

第二，分层投放材料，满足幼儿游戏需求。在幼儿的沙构游戏中，教师通过分层投放沙构材料和工具，不断调整与优化游戏进程。从工具性玩沙工具到与主题内容相关的沙具材料，再到低结构的生成性材料，满足幼儿在游戏不同阶段的需求。此外，分层投放材料还能推动主题的发展，使幼儿在游戏中找到表达自己想法的实物，呈现自己的创意。

第三，分组游戏，推动小组合作。沙构游戏主题集中，幼儿能自然地产生合作行为，从自主游戏逐渐发展为合作游戏。在积极的合作关系的推动下，幼儿在小群体中的集体归属感逐渐增强，幼儿的社会适应性得到了发展。合作和交往在人的社会性发展中具有重要作用，是个体在社会适应过程中培养起来的能力。与之前的单人游戏相比，分组进行游戏后，幼儿的合作意识明显增强，在持续沙构游戏的后期，活动过程中已很少出现争抢材料的现象。活动中同伴之间分工明确、相互帮助，幼儿合作能力得到了提升。同时，沙构游戏中的互动，是幼儿在社会适应过程中形成归属感的良好媒介，也是幼儿初步进行自我认同的基础。

在沙构游戏主题活动中，教师可以有意识地增加一些规则，如分组的要求、工具分配的要求、沙构活动中器具整理的要求、听到音乐信号结束游戏的要求等。这些游戏规则有助于幼儿在愉快的游戏中形成规则意识。对同伴的认同和支持，对合作规则的理解和配合，都是幼儿成长过程中所需要的基本社会能力，是幼儿社会性发展的起点。

斯宾塞曾说：“要知道如何教育孩子，首先要知道孩子在什么样状态下学习最有效。经过大量心理学的研究，我认为，孩子在快乐的状态下学习是最有效的。”[①] 经过长期的教学实践和观察，我们发现幼儿在沙构游戏中获得的愉悦感远高于单人的玩沙游戏。沙构游戏中，幼儿能够积极参与、有效沟通，在建构主题的过程中收获友谊和成就感。教师可以通过“沙构游戏”这一新视角，不断地观察幼儿、反观自我，给予幼儿自由与受保护的时间与空间，促进幼儿身心的全面发展。

思考题

一、名词解释

沙构游戏；工具性沙具；主题性沙具；生成性沙具

二、简述题

1. 沙构游戏与幼儿园常见的玩沙游戏的联系与区别是什么？对幼儿的发展有哪些独特的意义？

2. 沙构游戏的基本步骤是什么？请具体阐述。

三、案例分析题

在投放第二批主题性沙具中，老师邀请孩子们在材料区自行拿取材料。话音刚落，点点小朋友便前来拿材料，只见他在每一个材料筐中各拿几个，直到手里的材料实在拿不下了，弯着腰将材料捧回到游戏处，放下材料后，马上又回到材料区，挑选材料，直到筐里没有材料了，他才继续游戏。

第四章答案

从这一行为中，请试着分析点点小朋友的行为表现。

① 斯宾塞．斯宾塞的快乐教育［M］．魏莉，译．武汉：长江文艺出版社，2021：49-50.

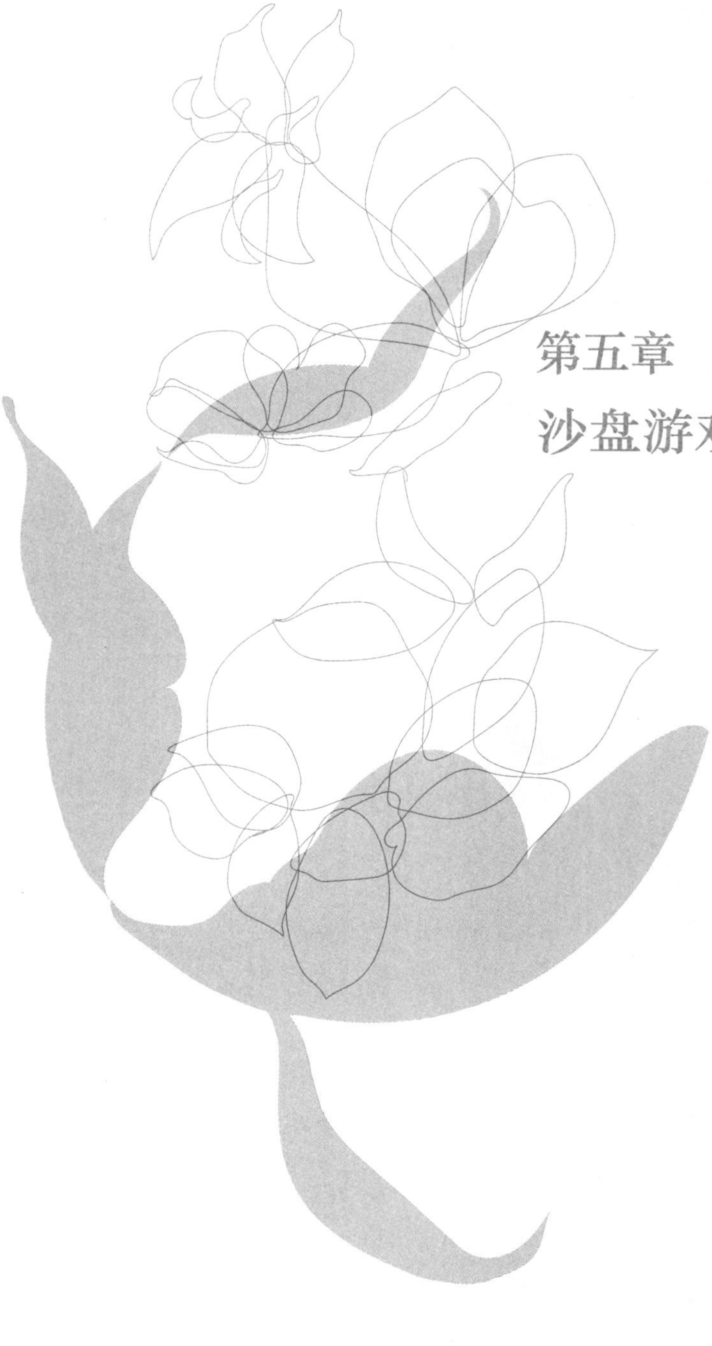

第五章
沙盘游戏

学习目标

1. 了解沙盘游戏的定义。
2. 理解沙盘游戏的基本原理及象征。
3. 掌握幼儿沙盘游戏的工作流程。
4. 能够撰写沙盘游戏个案报告。

思维导图

- 沙盘游戏
  - 沙盘游戏的基本理论
    - 内涵
    - 理论基础
      - 荣格分析心理学概述
      - 荣格分析心理学的基本方法
  - 沙盘游戏中的象征
    - 象征的内涵
    - 分析象征的方法
    - 基本要素的象征
      - 沙
      - 水
      - 沙盘
    - 主题意象的象征
      - 创伤主题
      - 治愈主题
  - 沙盘游戏的操作
    - 幼儿沙盘游戏室的设置
      - 基本设施和材料
      - 环境创设
    - 沙盘游戏的工作流程
      - 开始
      - 过程
      - 结束
    - 沙盘游戏分析师的工作伦理
      - 尊重幼儿沙盘游戏的自主性
      - 保证幼儿沙盘游戏的安全性
      - 保护幼儿在沙盘游戏中的主动性
      - 定期参加沙盘游戏的学习和督导
  - 沙盘游戏个案报告的撰写
    - 个案报告的作用
    - 个案报告的基本要素
      - 初始访谈
      - 初始沙盘
      - 沙盘游戏的过程分析
      - 沙盘游戏的效果与评估
      - 沙盘游戏的结束与总结
    - 个案报告范例
      - 初始访谈
      - 初始沙盘
      - 分析师的感受

第一节　沙盘游戏的基本理论

关键问题

- 什么是沙盘游戏？
- 沙盘游戏有何价值？
- 如何理解荣格心理学中的无意识？

幼儿受意识发展水平的限制，很难用语言清楚表达他们心灵所经历的困境。沙盘游戏通过游戏的形式对幼儿进行心理治疗。福禄贝尔认为，游戏是儿童内部存在的自我活动的表现，是来自本能的活动。陈鹤琴先生也提到，游戏是儿童的心理特征，是儿童的工作，是儿童的生命。游戏是幼儿最喜爱的活动，是幼儿生活的主要内容，是幼儿获得知识的手段，是幼儿探索世界的桥梁。

沙盘游戏首先是一种游戏，同时重视身心两个层面，重视“身体”和“手”的表达。儿童将双手放在沙盘上，轻轻抚摸沙子，或将沙子堆起……这些都是儿童身心感受、表达的方式。沙盘游戏能有效改善儿童在情绪、人际、学习等方面的问题和行为，对儿童提升自我效能感、改善拖延、集中注意、增强人际交往能力等都较为有效。[①]

一、沙盘游戏的内涵

沙盘游戏（Sandplay）这一名称，来自创始人多拉·卡尔夫唯一的一部专著《沙盘游戏》。[②] 沙盘游戏是以荣格分析心理学为理论基础的一种心理治疗与分析技术。[③] 很多人在学习和接触沙盘游戏时，会遇到另一个名称——箱

---

① 周彩虹，申荷永，张艳萃，等 . 沙盘游戏治疗：纵深化与本土化［J］. 华南师范大学学报（社会科学版），2018，50（4）：62–69.

② 该书由洛杉矶荣格研究院的奠基者之一的希尔德·科茨翻译成英文版，书名是《沙盘游戏：儿童心灵的镜子》，1980 年被重新翻译，书名改为《沙盘游戏：治愈心灵的途径》。

③ 高岚，申荷永 . 沙盘游戏疗法［M］. 北京：中国人民大学出版社，2012：55–58.

庭疗法。该名称其实是日本临床心理学家河合隼雄对沙盘游戏进行的本土化改造。

追溯沙盘游戏，它起源于儿童游戏以及成人对儿童游戏的观察，是运用意象进行治疗的创造形式。沙盘中所表现的各种沙盘意象，开启了沙盘游戏者心灵深处的意识和无意识之间的持续性对话，以及由此而激发的人格、心灵的治愈过程。

二、沙盘游戏理论基础

沙盘游戏以荣格心理学为理论基础，经历几代学者的努力，在数十年的发展与传播中，同时汲取了中国传统文化与哲学思想。正如当年河合隼雄等将沙盘游戏引入日本时将其改造为适合日本人心理需要的箱庭疗法一样，我们在面对无意识和心灵探索的时候，最为重要的是基于我们自己的文化，对沙盘游戏进行本土化改造。①

（一）荣格分析心理学概述

荣格作为当代最有影响的心理学家之一，其影响力远远超出了心理学界，对当代的哲学乃至整个人文学科都有很深的影响。

1. 荣格视角下的心灵结构

心灵是人格的总体，一切有意识和无意识的思想和行为都包含在心灵中。荣格认为作为整体的心灵包含三个层次：意识、个体无意识和集体无意识。如果把心灵比作大海，意识就像大海中的冰山浮出海面的部分，无意识就是海面下的冰山以及整个海洋。被遗忘、被压抑的与个体经历密切相关的内容会从意识落入无意识。荣格认为除了个体无意识之外，心灵还拥有集体无意识。集体无意识是全人类普遍的、共同包含的一种心理，是人类原始经验的总和，每个人拥有的内容也都是相似的。无意识是意识的发源地，人们从无意识中会产生新的想法和倾向，当它们在意识中显现时，会以幻想、冲动和情绪的形式出现。②

沙盘游戏是“心灵深处意识和无意识之间的持续性对话”，沙盘就像是

① 高岚，申荷永．沙盘游戏疗法［M］．北京：中国人民大学出版社，2012：15-16.

② 荣格．分析心理学［M］．高岚，主编．长春：长春出版社，2014：3-19.

"一座心灵花园"，像一个展示来访者心灵生活的容器，它介于个体内心世界和外在生活的"中间地带"。这个"中间地带"存在于来访者和沙盘游戏分析师之间，在"中间地带"，意识层面和无意识层面的内容得以相遇、展开，并具体化、形象化。

沙盘游戏为儿童提供了接触内在感觉或心灵的通道，儿童通过沙盘创作，将无意识内容具体形象地呈现出来，这可以帮助儿童把被压抑的或无法言说的内心体验和感受表达出来。荣格认为，意识和无意识的合作是个体心灵整合的力量。沙盘游戏提供了这种意识和无意识合作的框架。

2. 荣格分析心理学视角下心灵发展观

荣格分析心理学对发展心理学作出独特的贡献，荣格认为：

意识形成于童年。在生命最初的几年几乎不存在意识……

只有当儿童开始说"我"时，他们才具备了可被感知的、连贯的意识。但是在此之间常常有无意识的阶段。事实上，人们可以看到，有意识的心理通过逐渐将零碎的片段结合成整体而得以成形。这个过程贯穿生命始终，但是自青春期开始，它就逐渐变缓，而且添加到意识中的无意识片段也变得越来越少。在出生和心理青春期结束之间这个阶段，意识得到了最为重要和广泛的发展……[①]

荣格认为可以把儿童生活的头两三年没有自我意识的状态比作动物的状态，就像胚胎期的孩子，实际上只是母亲身体的一部分，完全地依赖母亲。早期幼儿的心理在很大程度上只是母亲心理的一部分，而且很快也会成为父亲心理的一部分。儿童最初的心理状态是和父母心理的一种融合。个体的心理只是潜在的，因此直至学龄期，儿童心理问题在很大程度上都受父母心理世界的干扰。父母遇到的一切困难都必定会反映在儿童的心理世界中，有时还会产生病态的结果。在很多情况下，儿童的梦常常与父母有关。心理只有在青春期后才具有相对的稳定性。

3. 荣格对待无意识的态度

我的一生是一个无意识自我实现的故事。无意识里的一切竭力作出种种的外在性表现，而人格也强烈要求逐渐从无意识状态中成长起来并作为一个整体来体验自身。我无法用科学的语言来追溯我自身的这一成长过程，因为我无

① 荣格．人格的发展［M］．陈俊松，等译．北京：国际文化出版公司，2011：53.

法把自己当作科学问题来体验。[①]

这是荣格在其自传前言中的一段话，如果说弗洛伊德发现了无意识，那么荣格是走进了无意识。荣格与弗洛伊德因为对待无意识的态度不同，导致两人决裂，此后很长一段时间，他内心忐忑不安，这让他的生活仿佛持续处于内在压力之下，他甚至怀疑自己是否有了某种心理障碍。

在这个时期，荣格重拾他 11 岁时喜欢玩的搭积木游戏，游戏的过程让荣格体验到强烈的情感。游戏的过程使荣格的思想澄明，同时引发了他一连串的幻想，他把这些幻想都仔细记录了下来，允许各种意象和内心的声音重新开始说话，这就是主动想象的过程。

童年的游戏是荣格走出心理困境的方式，荣格几乎用 20 年的时间直面自己的无意识，从中吸取能量，其一生大部分的著作与理论皆源于荣格直面无意识的历程。

4. 荣格与中国文化

荣格虽一生未到过中国，但是中国文化对荣格及分析心理学影响巨大。荣格与卫礼贤合著《金花的秘密》的过程中，荣格完善了主动想象技术，将道家“自然”“无为”的意义付诸心理分析的技术之中，沙盘游戏的“自由与受保护的空间”也正是受此影响。

荣格认为《易经》不是建立在因果原则基础之上，而是建立在共时性原则基础之上。因果原则不能解释一些潜意识心理现象，但描述了事件的前后联系。荣格提出的共时性原则不是因果的关系，而是一种平行的关系，可能是“有意义的巧合”。例如你想到一个朋友，恰在此时他就和你联系。荣格强调共时性与观察者的心境很有关系，在观察者对其观察对象有一种强烈的参与情感时发生，这是荣格对中国文化“心诚则灵”的一种解说。可以说，荣格最重要的思想和方法都在中国文化中得到印证。

（二）荣格分析心理学的基本方法

主动想象是荣格分析心理学的基本方法，个体将注意力和好奇心转移到内在的想象世界，并以象征的方式表达它，同时寻求心理学视角的自我反思。

---

① 荣格 . 荣格自传［M］. 高岚，主编 . 长春：长春出版社，2014：9.

当我们全神贯注于头脑中的一幅图的时候，他会开始动起来，意象会变得更加丰富，他会变化发展下去。主动想象从深层的意义上来看，是一种自我反思性的心理态度。①

主动想象正是沙盘游戏的核心技术。我们知道，幼儿最喜欢的游戏形式就是扮演游戏，在幼儿的眼里，那些小玩偶甚至桌椅板凳，所有的一切都是有生命的。主动想象，意味着这些意象有自己独特的生命，意味着象征性事件的发展，意味着沙盘中的一切有自己的逻辑依据，意味着幼儿可以通过这种方式与这些具有生命的意象进行直接的沟通。当幼儿一边创作沙盘，一边有声或者无声地讲述其中的故事时，内心世界被具体化，形成意象，这一过程就是主动想象。

第二节　沙盘游戏中的象征

关键问题

- 分析象征的方法有哪些？如何分析？
- 创伤和治愈的子主题各有哪些，又各有何特征？

荣格把象征看作是无意识的天然语言，象征是描述相对未知的、复杂的事实的最可行的表达。

象征，简单说就是“以象征义”，是心灵的直接意象。象征广泛使用于日常生活与文学艺术作品中，象征可以是用具体的事物表示某种特殊意义，比如苏轼在《水调歌头·明月几时有》中以中秋望月怀人，表达了对胞弟苏辙的无限怀念；象征可以是用部分事物代表全体，如一叶知秋；象征可以是通过某种重要特征来表示某种意义的具体事物，比如大地母亲，大地与母亲都具有生育、养育的特征。

① 帕帕多普洛斯．荣格心理学手册［M］．周党伟，赵艺敏，译．北京：中国人民大学出版社，2019：194-195.

一、象征的内涵

意象是客观物象经过主体独特的情感活动而创造出来的一种形象。意象在中国起源很早，《周易·系辞》已有“观物取象”“立象以尽意”之说。①

意象如同一个空间，包含所有象征的内容。象征是一座桥梁，为无法解决的心理困境提供了解决方案，通过将更多的自性与意识整合，拓展并发展了幼儿的人格。

沙盘游戏中的象征具有一些独特性：

第一，象征无法被创造。当意识中的自我陷入无法处理的危机或心理困境中，象征就产生了。

第二，象征不是静态的，而是动态变化的，是心灵“积极活跃的运作产物”，象征连接对立两极的能量。

第三，象征具有不确定性，蕴含着各种可能性。

第四，象征始终有一个部分是隐藏的、未知的。象征指向无意识中不能直接呈现的内容，寻求着具体的表达，也不是从任何事物中衍生而来的，具有隐藏的意义。一旦象征完全被意识化，它也就失去了象征的功能。

第五，象征以情绪和情感为基调，象征最突出的特点就能唤起我们的“感受”。

二、分析象征的方法

象征的学习是循序渐进的过程。我们可以准备一些象征词典，如《象征学全书》《符号与象征：图解世界的秘密》《世界文化象征辞典》《中国文化象征词典》等。我们可以通过阅读神话和童话故事来积累象征，即便如此，我们也不可能掌握所有的象征，有时候是来访者教给我们沙具的象征意义。

我们学习象征的知识是为了尽可能了解各种可能性，来访者沙盘中的沙具象征着什么，这并不是由沙盘游戏分析师决定的，而要去询问、去倾听来访者是如何体验、如何理解的。

以幼儿常用的驴为例，我们可以通过回答以下四个问题来学习象征：

① 朱志荣．论《周易》的意象观［J］．学术月刊，2019，51（2）：124-130.

第一个问题：意象的客观现实是什么？

驴是幼儿在沙盘游戏过程中常用的沙具之一，探究驴象征着什么我们可以从了解驴是种怎样的动物开始。

驴是草食性家畜，驴的形象似马，多为灰褐色，不威武雄壮。驴抗病力强，并有性情温驯，吃苦耐劳、听从使役等优点。驴可耕作，还可乘骑赶集，适于山区驮运及家庭役用。驴肉具有补血、益气补虚等保健功能。

第二个问题：意象在不同文化中的含义是什么？

人们认为驴是愚蠢的，通常起源于驴拉磨。为了使驴拉磨，人们在驴眼前吊一种驴爱吃的菜，驴会以为菜在前面，就一直往前走，结果菜与驴总保持一定距离，它吃不上。但驴理解不了，所以一直往前走，拉得很有劲。

第三个问题：意象出现在哪些童话故事里？

在阿凡提的故事中，驴是和智者相关的。阿凡提倒骑毛驴，四处行走，用自己的幽默与聪明捉弄坏蛋，惩奸除恶。

驴在童话《木偶奇遇记》中是一个重要的意象。《木偶奇遇记》讲述了匹诺曹因贪玩而逃学，因贪心而受骗，最后变成一头驴的故事。匹诺曹经过了种种历险，终于长大了，他变得诚实、勤劳、善良，成了一个真真正正的男子汉，摆脱了驴子一样的生活状态的故事。匹诺曹的故事代表了儿童发展的停滞阶段。

在寓言《运神像的驴子》中，驴是一个自不量力的形象。驴夫让他的驴驮着一座宙斯的神像进城，路上的人都拜倒在地。驴以为人们是向它敬礼，得意起来，就站在原地不肯走了。驴夫狠狠地抽了它一棍子喝道："你这头蠢驴，你以为人家是向你鞠躬吗？"

在寓言《运盐的驴子》中，驴是自作聪明的形象。驴夫赶着驮着盐的驴过一条小溪，溪水只到驴腿的一半。没想到驴脚下一滑跌入水中，驴在驴夫的棍打下，好不容易站起来。驴心里暗暗高兴，因为它觉得背上的盐轻了许多。盐被水一浸，已经化去了一大半。驴夫这次贩盐折了老本，于是改为贩卖不怕水的海绵。驴驮着海绵蹚过小溪，心想若是再跌一跤，爬起来定会轻一些。于是它故意滑倒在水里。不料海绵吸足了水，比原来重了好几倍。驴自作聪明，结果吃了苦头。

当我们通过回答三个问题后可以发现驴具有以下象征意义：吃苦耐劳、愚蠢、与智慧老人相伴、自作聪明等。

第四个问题：对来访者而言意味着什么？

当来访者使用“驴”的沙具时，我们要问自己：对于来访者而言，此时此刻，驴子象征着什么呢？驴具有怎样的可能意象呢？这个问题的回答只能来自来访者的心灵，而且没有标准答案，它为沙盘游戏分析师和来访者提供了一个共同的、开放的空间。①

三、基本要素的象征

沙盘游戏中的基本要素是沙、水和沙盘，这些构成要素本身具有象征意义和心理分析意义。

（一）沙

沙是极其重要的和天然的心理治疗材料，因为它由细小的颗粒构成，这就使它可塑而且柔软；我们让双手在干沙中活动，就会留下各种形态，可以唤起水流、沙漠、山、田等种种意象。

抚触干沙能令人放松，让人想起童年的自在与游戏，或许也能让人想起母亲温柔的抚摸。也有一些人，只要一触碰沙子，就有被坚硬的沙子微微刺痛的感觉，这可能会让他们想起不舒服的触碰记忆。

在沙子中加水，沙子的颜色就会变深，具有泥土的特征。湿沙可以塑形，创造不同的形状；沙子变干时，他们就又变成了流动的干沙。

沙具有多种象征意义：大地母亲，一切生命的起源之所；沙子在手中的运动可以象征风、雨、雪，甚至沙尘暴等自然现象。②

在沙盘游戏中用沙创造沙尘暴意象的儿童，常常是紧张、不安的。他们的情绪状态用父母的话讲就是“脾气好的时候很好，一旦发起脾气来就很大，大人说什么都不听，会乱打乱摔。有时只是一点点事情，就会闹得很大、闹很长时间”，这些儿童发脾气犹如沙尘暴来临。这些儿童在沙盘游戏中宣泄其负性能量之后，现实生活中他们的情绪状态会变得平稳，内在破坏的能量通过沙

---

① 安曼．沙盘游戏中的治愈与转化：创造过程的呈现［M］．张敏，蔡宝鸿，潘燕华，等译．北京：中国人民大学出版社，2012：85-87.

② 安曼．沙盘游戏中的治愈与转化：创造过程的呈现［M］．张敏，蔡宝鸿，潘燕华，等译．北京：中国人民大学出版社，2012：21-24.

盘游戏这个容器逐渐转换为创造能量。

（二）水

水，如同沙，是地球上最常见的物质之一。地球表面约有 71% 的面积被水覆盖。水是一种无色、无味的透明液体，是所有生命的源泉。水是必不可少的元素，象征着孕育、创造与转化的能量。女娲造人，先是掘池边的黄泥，掺水揉捏成人，后来把藤条伸到和好的泥潭里，提起藤条向四处挥洒，泥点溅落的地方，出现人。[①] 水也具有毁灭的能量，洪水是人类神话共同的话题之一，意味着摧毁，也预示着更新。

沙子混合了水之后，颜色变得更深，在沙子中加不同量的水，可以创造出湿地、沼泽、海洋等不同的自然地貌，这外在的意象也可能象征性表达来访者内心深陷“泥潭”或“沼泽”之中。

（三）沙盘

沙盘是一个容器，容纳沙、水与沙具，也是心灵转化得以发生的容器，承载儿童的想象力和创造力。沙盘给儿童提供了一个表达的空间，让儿童有机会表达无法言说的无意识的心灵。

容器蕴含着三个特征：（1）由边界环绕而形成空间；（2）空间中包含一切内容；（3）将对立的事物（两极）统合起来。心灵，既有光明的一面，也有黑暗的一面。也就是说，心灵既包含建设性的、积极的一面，也包含破坏性的、否定生活的一面。沙盘是原型母亲的意象，象征着涵容、转化与孕育，它是一种精神的复活与重生的子宫。[②]

沙盘游戏的象征内容是广阔无穷的。沙盘游戏疗法并不要求我们知晓或理解过程中所发生的一切。它需要我们对它本身以及沙盘所传递的信息保持开放性的态度。正如卡尔夫所言：我们没必要理解沙盘里所发生的一切。但我们必须要做的是，投入到准备理解这一切的过程中去。

---

① 袁珂．中国古代神话［M］．上海：华东师范大学出版社，2017：32–34.

② 乔尔·莱斯－梅纽因．荣格学派沙盘游戏疗法［M］．李江雪，李资瑜，译．北京：中国人民大学出版社，2018：5–7.

四、主题意象的象征

沙盘游戏的主题是对沙盘游戏所表现的象征性意义的总结。沙盘游戏的主题分为两大类型：创伤主题和治愈主题。沙盘游戏主题的变化象征着儿童内在世界的变化，在一个沙盘中，可能会同时出现创伤主题和治愈主题，当儿童作品中的创伤主题减少，治愈主题增加时，意味着儿童的内在世界已经有转变。蔡宝鸿把创伤主题和治愈主题细分为各 15 个小的主题，① 如表 5-2-1 和表 5-2-2 所示。

表 5-2-1　创伤主题及其特征

序号	主题名称	特征
1	限制	有生命的人、动物或植物陷入困境或被限制在封闭空间内
2	威胁	遇到险恶或可怕的事件，或处在危险的环境中，受到威胁，角色有无力感
3	攻击	存在战斗、打斗或者破坏的行为和情境
4	空洞	不使用沙具或较少使用沙具，或使用的沙具缺乏能量、无生命感
5	受阻	成长和发展的可能性受阻
6	分裂	沙盘的各部分之间是孤立的或用栅栏等物品进行分离的
7	倒置	直立的沙具形象被有意倒放
8	受伤	受伤的形象或被其他事物伤害的形象
9	混乱	沙具摆放无序、无联系、随意
10	忽视	沙盘游戏中的沙具被单独放在角落里，沙具孤立无援
11	隐藏	把沙具掩埋或隐藏在沙子或其他沙具中
12	残缺	使用残缺的沙具
13	陷入	沙具插入沙子中，表现出行动困难
14	倾斜	有意或无意地把沙具倾斜着放置在沙盘中
15	其他	未能归类的其他创伤主题特征

① 蔡宝鸿．初始沙盘及其临床诊断意义研究：行为问题儿童初始沙盘诊断特征的分析与探索［D］．广州：华南师范大学，2005.

表 5-2-2　治愈主题及其特征

序号	主题名称	特征
1	能量	呈现出生命能量、强大的能量
2	旅程	沙盘创作具有方向性，沿着路径或围着中心的运动
3	灵性	出现超自然人物、偶像或神灵
4	对话	沙具之间有沟通和对话，或者有伙伴的出现，可以是人，也可以是其他的动物
5	联结	元素之间具有联系或对立面具有联结
6	深入	和底部有连接或挖开沙子露出蓝色箱底
7	变化	创造性地使用沙子和（或）沙具
8	新生	成长、发展或新生命的诞生
9	趋中	在沙盘的中心，元素得到很好的平衡或对立面出现整合
10	整合	适当的、有组织的意象包含在整个沙盘中
11	仪式	出现节日文化、庆祝、结婚等具有人文意义的仪式
12	缓和	冲突双方有了一定的缓和空间
13	规则	沙具的摆放空间、比例和位置使用合适
14	培育	出现为成长和发展提供滋养或帮助的场景
15	其他	其他有关的治愈主题

在同一个沙盘中，可能只出现创伤或者治愈的主题，也有可能同时出现创伤的主题与治愈的主题。

（一）创伤主题

创伤的主题是儿童既有问题的呈现，在儿童创伤主题中，出现较多的依次是“限制”“威胁”“攻击”“空洞”“受阻”“分裂”这六个主题，这些主题可能同时出现在一个沙盘中。

（1）限制。“限制”主题一般是指有生命的人、动物或植物陷入困境或被限制在封闭空间内。比如“困在栅栏里的人”“笼子”这两个沙具常被儿童使用。“笼子”出现在沙盘中，有时候是空的，有时候孩子会把“小鸟”“人”塞进笼子里，如图 5-2-1 所示。这样的意象，表达出他们受限、不自由的心情，在描述的时候，这些意象通常显得孤立无援。笼子附近的形象有时被儿童投射为教师或家长，表达了他们生活中无法言说的消极情绪，也表达了内在自我的无力感。“限制”的主题也可能通过掩埋的方式出现，比如动物陷在沙子中，这往往象征儿童的本能在某些方面受到限制。

图 5-2-1 “限制”主题的沙盘

（2）威胁。“威胁”的主题通常是指遇到险恶或可怕的事件，或处在危险的环境中，受到威胁，角色有无力感。“骷髅”“墓碑”等主题沙具，具有威胁性的大型食肉动物，如张嘴的恐龙、老虎等沙具常出现在这样的沙盘中。

儿童在描述“威胁”的主题时，可能会联想到现实生活中的一些表现。如，晚上不敢一个人睡觉，有的孩子会描述为：“只要一想到晚上要一个人睡觉，双手就情不自禁发抖，手还会出汗。”“威胁”主题更多地表达儿童焦虑时的生理和情绪反应，这个状态下儿童的心理能量是僵化的，儿童的自由联想、记忆提取能力和逻辑思维能力受到限制。

（3）攻击。“攻击”通常指存在战斗、打斗或者破坏的行为和情境。“攻击”通常由双方或三方组成，比如，沙盘上方堆着受到各种“攻击”的沙具：车子在沙盘中出现碰撞、动物之间有激烈的冲突。“攻击”主题表达了来访者意识和无意识的混乱。

（4）空洞。“空洞”通常表现为不使用沙具或较少使用沙具，或使用的沙具缺乏能量、无生命感。沙盘中往往出现的沙具类别较少，几乎没有植物类沙具，也较少有动物类沙具的出现。沙画的色彩灰暗，较少出现鲜艳的颜色。儿童会无意识地在沙子上进行重复的操作：如在沙子上无意识地重复画圈，或者是用嘴巴轻轻地反复地吹沙子，有时儿童也会在手上拿一样东西，反复把玩。

在空洞主题的沙盘中，儿童无意义的重复动作通常较多。

图 5–2–2 是小 T 的沙画，她因为情绪失控有自伤的行为，教师建议其接受沙盘游戏治疗。作品最引人注意的是中间的小人，张开着双手，好像漂浮在蓝色的大海中，周围空无一人。沙盘给人空洞、绝望、孤立无援的感觉。小 T 自出生开始，父母频繁争吵，5 岁时父母离异，由奶奶带回老家抚养。之后有 2 年的时间，母亲都没有和小 T 联系。之后，小 T 在小学出现情绪失控、同伴交往困难的问题。

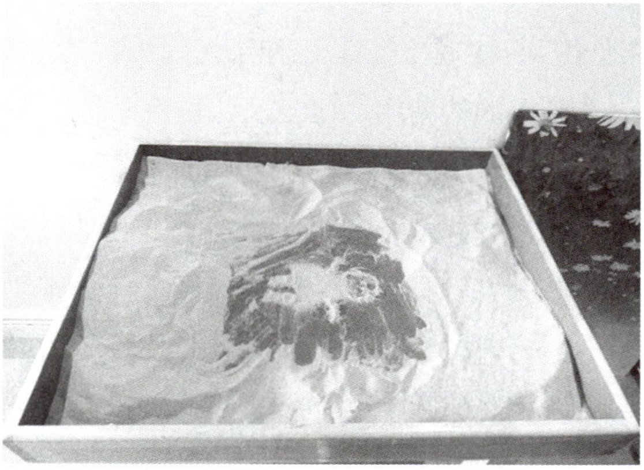

图 5–2–2 “空洞”的沙画

（5）受阻。“受阻”通常指成长和发展的可能性受阻。在这类主题中，交通标志类的沙具会出现得比较多，如红绿灯、禁行标志、栅栏，也有来访者把一棵最小的树苗放进一个框里，树苗怎么也长不出来。这类来访者受困于自己的内心，不能发现或使用自己支持性的力量和资源，会因为某次或某几次的失败就消极停滞不前，需要重新和自己的能量、资源建立连接。

（6）分裂。“分裂”通常指沙盘的各部分之间是孤立的或用栅栏等物品进行分离的。这类主题的沙盘经常被明显分割成两个及以上区域，两个区域间多数没有连接物，即使有，也要克服重重困难。分裂的两个区域常常是现实世界和理想世界，理想世界可能是神话世界，也可能是卡通动漫世界，理想世界可能看上去充满能量，但也有可能象征着儿童借此逃避现实生活。

（二）治愈主题

治愈的主题可能是幼儿内在心理能量的显现与问题解决的线索。幼儿的沙盘中出现较多的治愈主题依次为“能量”“旅程”“灵性”“对话”“联结”。

（1）“能量”通常指在沙盘中呈现出有生命的、强大的能量，常常通过食物、植物、水晶石、皇冠、灯塔等沙具表达。在沙盘游戏中“能量”的出现代表着自我的一种滋养，这种滋养可以由内在提供也可以由外在提供。

（2）“旅程”常指沙盘创作具有方向性，沿着路径或围着中心的运动。“旅程”主题的沙盘会有明显的方向感，来访者常会用交通工具如桥、车和船等沙具，也会用“石头”或“草坪”铺出一条路，也有可能用“路”“隧道”等沙具来直接表达。“旅程”的主题象征性表达出幼儿内在的方向感和秩序感，虽然他目前有可能困在消极的情绪中，但当幼儿用双手创造出“旅程”时，他们就是在聚集自己的能量，准备接受挑战。幼儿通过旅程，可以在沙盘中联结过去、现在和未来，在这个过程中，幼儿通过回顾自己的过去，有可能和某个情结达成和解。想象未来，有可能使幼儿更能容忍当下的现实困境和心灵上的困难。

（3）“灵性”通常指出现超自然人物、偶像或神灵。超自然人物沙具的出现，象征幼儿可能正处于一种关键时期，渴望获得超自然力量，以及一种精神寄托。

（4）“对话”通常指沙具之间有沟通和对话，有伙伴的出现。这个主题常由多个人物或多个动物的组合沙具来表达，象征着种种关系。

（5）“联结”常指元素之间具有联系或对立面具有联结。在“联结”主题沙盘中，常有桥、路的出现，会和“旅程”主题有相同的部分。这个主题象征着自我不同人格中间的联结，是自我的一种整合，象征着人格的成长。

五、沙盘游戏中空间现象的象征

幼儿做沙盘的体验和在一张纸上画画的感觉是相似的，因为他们是站在沙盘前面而不是站在沙池里面进行游戏。沙盘下方的边框是最靠近他的位置，上方的边框是离他最远的位置。

安曼为空间现象的象征性诠释提供了一般性指导，如图 5–2–3 所示。[①] 沙

① 安曼．沙盘游戏中的治愈与转化：创造过程的呈现［M］．张敏，蔡宝鸿，潘燕华，等译．北京：中国人民大学出版社，2012：47.

盘的中心部分通常包含着沙盘的核心主题，可能象征着人格的核心，代表自我和自性之间关系的不同层面。根据安曼的经验，向左的运动表明退行，或者象征能量可能回流到无意识中，收集那里的能量为新的目标做准备，开始一个新的进程；向右的运动是朝着积极的方向运动。从左下方到右上方的运动宣告了个体向外在世界的发展，这种运动轨迹在幼儿的沙盘中经常能看到。

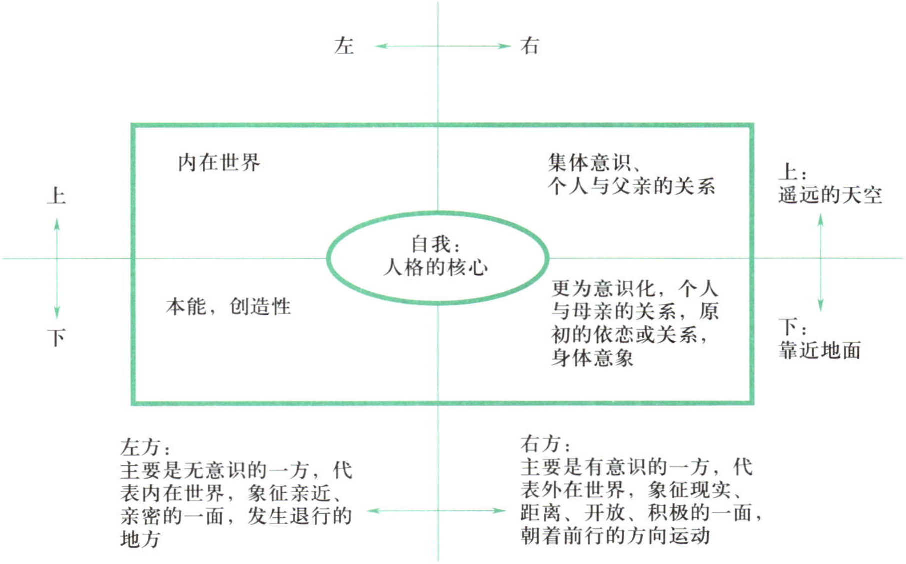

图 5–2–3　沙盘空间现象的象征性

六、象征性过程中沙盘游戏分析师的角色

沙盘游戏中，幼儿和沙盘游戏分析师同时参与了象征性历程。沙盘游戏分析师是沙盘游戏室里最重要的“工具”，准备沙盘、收集沙具是沙盘游戏治疗中相对简单的任务，沙盘游戏分析师无形的工作才是影响整个沙盘游戏质量的关键性因素。沙盘游戏分析师必须进入这样一种状态：在意识水平上包容并理解幼儿的象征性活动，同时，还必须识别由幼儿作品引发的自身潜意识的信息。沙盘游戏分析师与来访者一起创造了一个彼此合作、相互重叠的心灵能量场来包容接纳来访者的象征性工作。

象征性的态度是意识对理性控制的放松，放下评判，沙盘游戏分析师可以得到更多来自心灵深层的信息，它是一种平静的态度，像沉浸在游戏中的孩子一样，象征性的态度会让心灵体验到自性的指引。沙盘游戏分析师的观察态度可以为来访者提供其所需的接纳与包容，以便其经历心灵的狂风暴雨。沙盘游戏分析师的有效陪伴能为幼儿的象征性历程提供力量与稳定性。

第三节　沙盘游戏的操作

关键问题

- 沙盘游戏室有哪些基本设施和材料？
- 沙盘游戏包括哪些工作流程？
- 沙盘游戏分析师应遵循哪些工作伦理？

创建沙盘游戏室（图 5–3–1）是正式开展沙盘游戏工作的第一步。在保证基础设施的前提下，我们可以根据场地大小和资金情况来自行设计和装饰沙盘游戏室。

图 5–3–1　沙盘游戏工作室

一、幼儿沙盘游戏室的设置

（一）沙盘室的基本设施和材料

1. 沙盘和沙盘桌（架）

数量：两个沙盘，一个用来放干沙，一个用来放湿沙。如果只有一个沙盘，则需要在旁边放置装有水的水桶，以供幼儿制作湿沙盘。沙盘桌（架）可准备1～2个。

尺寸：国际标准沙盘的大小为57 cm×72 cm×7 cm，这个尺寸可以让来访者不用移动视线就能够看到整个沙盘世界。如果考虑幼儿的视线范围，我们可以将沙盘尺寸略微缩小，洛温菲尔德和卡尔夫曾使用过尺寸为50 cm×70 cm×8 cm的沙盘，这个尺寸方便幼儿在伸手可及的范围内创建沙盘世界。我们使用固定尺寸的沙盘，是因为它可以限制游戏者的想象，因而具有调节和保护的作用。此外，如果是用于团体沙盘游戏的沙盘可以略微扩大尺寸，以便多名幼儿同时使用。目前沙盘无固定尺寸，但是大多数沙盘游戏分析师依然使用国际标准尺寸的沙盘进行团体沙盘游戏。

材质和颜色：通常选用木制沙盘，也有很多沙盘游戏分析师使用塑料的蓝色沙盘，主要用来承装湿沙，塑料的材质不容易漏水，而且更容易清洗。木制沙盘一般内侧涂蓝色，代表水域和天空；外周颜色以原木色最佳，也可以根据整体沙盘游戏室的色调定制，通常以清新淡雅的色调为主，沙盘与沙盘架的色彩一致为宜。

沙盘的高度：由沙盘桌（架）决定，幼儿在进行沙盘游戏的时候通常是站着的，根据目前2～6岁幼儿身高的普遍范围90～120 cm估算，沙盘桌（架）高度建议在60～70 cm之间，可调节最佳。另外，如果沙盘游戏室不大，可以使用带轱辘的沙盘桌（架），方便自由移动，用以节省或高效利用空间。

2. 沙子和水

沙子和水的选择，都是根据它们的象征意义而来的。天然沙比人工沙更容易使沙盘工作进入无意识水平。沙子通常有干湿之分（图5-3-2），也有粗细之分。不同颗粒大小和质地的沙子会引发不同的触觉和感觉，比如较细的沙子通常带来温柔舒适、祥和宁静的感觉，而比较粗的沙子通常带来不适感和困扰感，同时也会有稳定感。天然的沙子颜色也有不同，褐色、白色、黑色等，不同颜色的沙子触发的情绪、情感也是不同的。有条件的话，可以给幼儿提供多种选择。

干沙

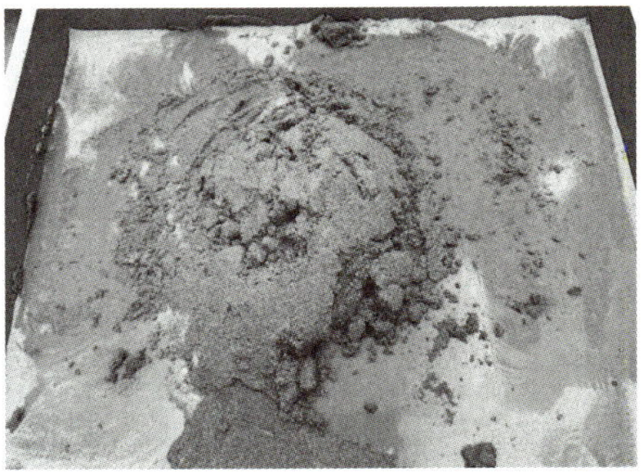
湿沙

图 5-3-2　干沙和湿沙

沙子倒至沙盘约三分之一至二分之一即可，使用前抚平。沙盘室里，水是必不可少的，分析师可以将水提前倒入水桶，放在沙盘旁边备用，也可以装入喷水壶，以便幼儿使用。

3. 沙具

数量与大小：一个普通的沙盘室至少需要 1 600 种沙具，沙具虽然不是越多越好，但是种类和品种齐全是很重要的，因为那是来访者无意识的语言，是意象的象征载体，我们所提供的沙具种类和数量影响着来访者象征性表达的丰富程度和创造性。沙具的大小，以适合沙盘大小为宜。

收集与陈列：沙具的收集和陈列是一项重要且细致的工作，并不是简单地把一些玩具模型混合在一起就可以了，这项工作也体现着沙盘游戏分析师的工作风格甚至是内在人格。我们需要收集不同大小、颜色、质地、材料、主题的沙具。沙具也要有天然的物件，如真实的羽毛、贝壳、松球、树枝、石头等，为幼儿提供与大自然建立联结的机会。此外，还需要提供给幼儿可以自由创造的材料，比如积木、乐高玩具、黏土，甚至毛线、布头、纸张等，以便幼儿表达。总之，可以说沙具涵盖了人类和地球上所有重要方面，包括集体的、个人的，文化的、科技的，身体的和心理的等各方面。

为了方便幼儿寻找和挑选沙具，我们需要按照一定的类目进行陈列。图 5-3-3 是沙具及其陈列的形式。通常可以分为：

人物类，包括职业人物、情绪人物、场景人物、卡通动漫人物、神话传说人物、历史伟人等。

图 5-3-3　沙具及其陈列

动物类，包括陆地动物、海洋动物、空中动物，或者更细致地分为史前动物、野生动物、饲养动物和宠物等，也可以是爬行类、两栖类、哺乳类、鸟类、鱼类、昆虫等。

植物类：包括天然生长的和人工种植的，比如花、草、树、木，农作物等。

天体与自然类：日月星辰、山川河流、贝壳石头等。

建筑设施类：包括各种建筑与设施等，如图书馆、电影院、美容院、银行等，还有路灯、交通信号灯、桥梁、隧道、铁轨、亭台楼阁等。

交通工具类：包括陆地交通、水上交通和空中交通，如汽车、火车、船和飞机。再细致一些，还可以分为民用类、工程类和军事类等。

生活用品类：包括家具、炊具、日用品等。家具如沙发、座椅、床等；炊具如各类锅碗瓢盆和灶台等；玩具如芭比娃娃、乐高等；日用品如手电筒、电话、闹钟、学习用具等。

其他物件：除了以上沙具，我们所搜集到的其他物件，比如布头、各种形状、数字、零件、缺损物件等都可作为沙具。

4. 沙具架、脚凳、篮筐等

通常我们使用开放式的沙具架，也就是没有门或者帘子的陈列架，这样幼儿会相对容易地发现沙具，而开始沙盘游戏。如果工作对象是比较小的幼儿或者伴有注意力问题的多动幼儿，那么我们也可以使用遮蔽式的沙具架或者带门的沙具柜，以减少对他们的视觉刺激。沙具架（柜子）不宜过高，也不宜过深，以便幼儿挑选和拿取沙具。

即使我们把幼儿最常使用和较受欢迎的沙具都放在较低层的沙具架层上

（通常是他们的视线高度），但最上层的沙具仍然是幼儿很难看到或者拿到的，这就需要我们提供一个稳固安全的脚凳，来协助幼儿。

另外，有些沙具数目较多或者不宜摆放的，如宝石、玻璃珠、小草、士兵等，可以使用篮筐盛放。

5. 照相机、录音笔或便携式摄像机

进行沙盘游戏时，沙盘游戏分析师除了纸笔的记录外，有时需要录音或者录像。因为幼儿的沙盘很多时候是动态的，不会固定在一个画面里，而且有些幼儿边做沙盘边讲故事，口中一直念念有词，纸笔很难全部记录下来。另外，不停地低头记录，也会影响我们全神贯注地关注沙盘和幼儿，此时就需要使用录音和录像设备协助记录沙盘游戏的过程。结束后，分析师用照相机来记录最后的沙盘画面，做心理分析之用。另外，虽然现在智能手机已经普及，但是依然建议使用专门的录音和录像设备来完成沙盘游戏，尤其是可以架设的设备，这样可以避免沙盘游戏分析师因为手机上的其他信息而分心，幼儿也能有更好的感受。

6. 沙发、桌椅

沙盘室里，除了沙盘和沙具以外，配置沙发，以及可以进行绘画和手工的桌椅也是必要的。沙发是在需要的时候提供给幼儿休息和冥想的工具。

7. 纸巾或者手绢

为幼儿准备擦手、擦汗或者擦眼泪的物品，以便幼儿不时之需。

8. 洗手池

洗手池既方便幼儿取用水，也可以供幼儿玩沙之后洗手。

（二）沙盘室的环境创设

沙盘游戏室的装饰和布置，不仅需要考虑工作上的便利，也需要营造安全自由的空间感。除了基本设施外，还需要思考房间大小、整体色调、搭配装饰物等。通常，房间不宜过大也不宜过小，如果是个体沙盘室大约需要 20 平方米，如果兼具个体沙盘和团体沙盘功能建议留出团体活动的空间。另外，窗帘、灯光、沙发的颜色应尽量采用温暖清爽的色彩，沙盘游戏分析师还需要摆放一个钟表，便于看时间，掌握工作节奏。此外，墙壁上还可以装饰一些适合幼儿或者幼儿喜欢的画作，房间里摆放一些绿色植物，营造自然温馨的氛围。

二、沙盘游戏的工作流程

幼儿沙盘游戏的工作流程如图 5-3-4 所示。以下将重点论述沙盘游戏的开始、过程和结束。

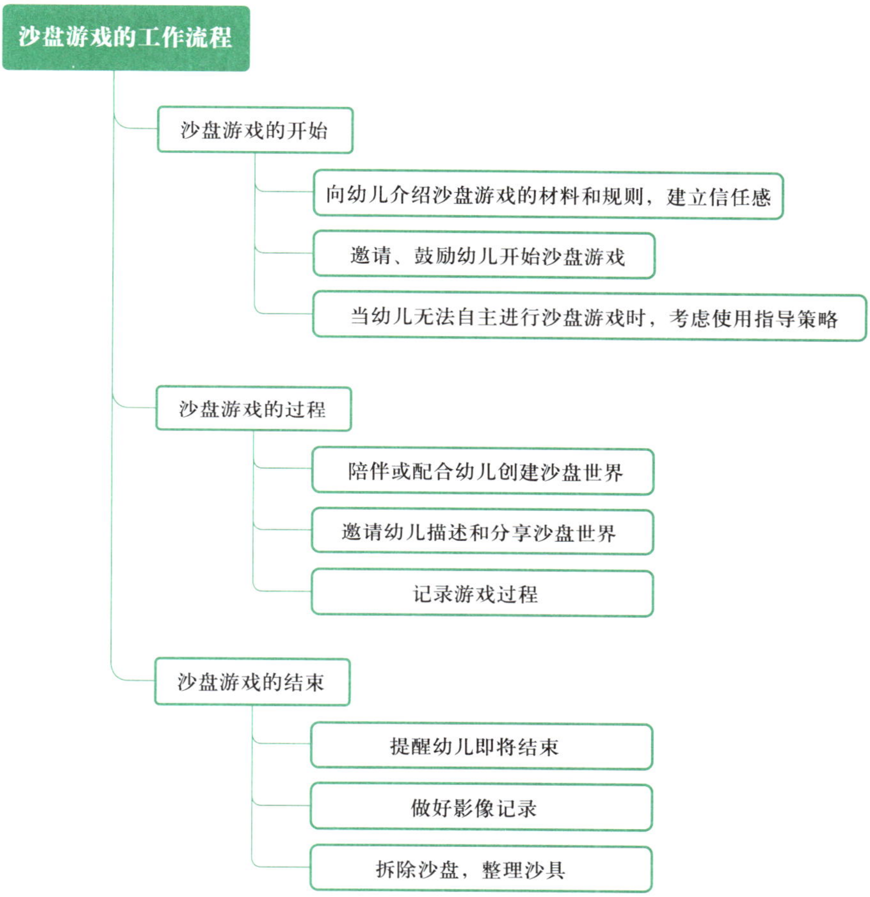

图 5-3-4　幼儿沙盘游戏工作流程

（一）沙盘游戏的开始

1. 向幼儿介绍沙盘游戏的材料和规则，建立信任感

通常我们发现，幼儿在进入沙盘游戏室后，会自然地被沙子和沙具吸引，有的幼儿甚至立刻就开始沙盘游戏，这时沙盘游戏分析师只需要跟随并强调一些安全事项和游戏规则即可，如不可以将水或者沙子泼洒到沙盘之外的地方等。我们通常不需要向幼儿介绍和解释什么是沙盘游戏，当你支持并陪伴幼儿

进行那些创造性工作时，你们之间的信任就逐渐建立了。

2. 邀请、鼓励幼儿开始沙盘游戏

沙盘游戏开始前，沙盘游戏分析师可能会遇到存在不同状况的幼儿，这时分析师需要运用不同策略解决。如，遇到胆怯或者安全感极度不足、不能自主进行沙盘游戏的幼儿时，分析师需要邀请并鼓励幼儿去摸摸沙子，去看看沙具，陪着他（她）在沙盘室到处走走看看，缓解他（她）的紧张和不安，从而逐渐建立与他（她）的关系。临床中，也有幼儿是对沙盘不感兴趣的，如手机依赖或者屏幕依赖严重的幼儿，他（她）对外部世界几乎丧失了兴趣，无法关注和注意到现实的事物，他们的眼睛始终离不开屏幕，他们沉迷在虚拟世界中而对外面发生了什么漠不关心。虽然这样的幼儿并不常见，但这样的案例的确是存在的。如果沙盘游戏分析师遇到了这样的幼儿，那就需要更多的耐心和温柔而坚定的态度，慢慢地引导他们开始沙盘游戏的工作，从而慢慢地将其带回现实世界，与真实的生活进行连接。另外，需要注意的另一类幼儿是患有注意缺陷并有破坏性行为的幼儿，我们需要提前收好易碎的沙具，以免他们伤到自己。

3. 当幼儿无法自主进行沙盘游戏时，考虑使用指导策略

当幼儿无法自行展开沙盘游戏时，沙盘游戏分析师可以考虑采用指导策略。我们可以从邀请他挑选限定数量或者种类的沙具开始：比如请他挑选五个喜欢的动物，两座他喜欢的房子、四棵喜欢的树等；也可以给出一个主题，比如请他建造一个喜欢的动物园、展示一下他的家等。

在指导幼儿个体进行沙盘游戏时，主要是采用结构化的游戏，如捉迷藏、走迷宫等。我们需要根据幼儿的情况来设计游戏的形式，比如一个幼儿看起来不愿意主动做些什么或者说些什么，其实内心很渴望被人看到或者理解，那么我们就可以采用捉迷藏的方式进行沙盘游戏。沙盘游戏分析师可以说："我们来玩一个有趣的游戏，在沙盘里捉迷藏，我会捂上眼睛或者转过身，你把你想藏起来的东西，埋在沙子里，我来找或者我来猜，你埋了什么。我找到了，或者猜到了，你就为我讲一个它的故事，好吗？"通常幼儿一开始只喜欢玩游戏不喜欢讲故事，那么我们需要利用游戏角色轮换的机会来推动工作。当我们掩藏物件让幼儿来寻找的时候，要利用沙具询问幼儿相关问题，但不要具有威胁性，同时利用这次机会给幼儿示范如何讲故事。

此外，对于无法持续参与沙盘游戏的幼儿，分析师可以采用建议主题式的沙盘游戏，如对一个总是打人的幼儿，我们可以说："老师和你今天来创造一个幼儿园，在这个幼儿园中，小男孩经历了一些事，还打了其他的小朋友。"对一个经历了父母离婚变得郁郁寡欢不再言谈的幼儿，我们可以试着说："小白兔的爸爸、妈妈离婚了，她很伤心，让我们来创造一个世界，让小白兔在这里可以开心一些。"主题沙盘的使用，一定是在时间紧缺的情况下进行的，如果能够开展持续的工作，我们没必要一上来就使用主题沙盘。

（二）沙盘游戏的过程

幼儿一旦开始创建沙盘，通常他们会站着完成，而且十分投入。在这个过程中，分析师需要：

1. 陪伴或配合幼儿创建沙盘世界

低龄幼儿多创建动态性的沙盘，即在沙盘里玩各种扮演游戏。沙盘犹如一个舞台，上演着由幼儿自创的各种剧目，随着剧情的不断发展，沙盘的画面也不断地变化，而且大多数幼儿会为剧情进行解说，他们一边创建场景，一边讲述故事。我们最好不要打断他们的游戏，认真且好奇地关注着沙盘里呈现的一切，仔细倾听所有的故事。有时幼儿会邀请分析师加入游戏，或者扮演其中的角色，分析师需要全身心地投入沙盘的互动中，配合沙盘中的各种情节，包括动作、表情、声音。比如，我们可以进入角色重复幼儿所说的话，如"哦！快跑！怪兽来了""哇，我们要撞上啦"等。

分析师只需要跟随幼儿在沙盘中演绎他们的剧情，尽量不要将我们自己的情感和观点投射到沙盘游戏中，更不要将我们的价值观强加给幼儿，或者示范我们希望幼儿学会的行为模式。我们应当为幼儿提供机会去体会、去思考什么是他们自己需要的，怎么做是更好的。为了避免这样的"指导"发生，我们可以请幼儿来示范或者教导我们如何做，比如，"这时小白兔要说什么呢？""然后，大象要做些什么呢？"等，通常幼儿是十分乐意帮助我们的。

有时幼儿会要求我们帮助他摆放或拿取各种沙具，这时我们需要根据沙盘游戏的进程和幼儿的心理发展阶段，来考虑是否提供帮助。通常依恋关系有问题的幼儿会出现过度依赖或者反复支配的行为，我们在保证安全、自由、受保护的空间不被破坏的情况下，酌情处理是重要的，最好不要打破关系边界，以便在稳定的关系中，不断发展幼儿的自主性、独立性。

还有的幼儿只是单纯地在沙盘中玩沙子或者摆弄玩具，他们通常做简单而重复的工作，比如装沙、倒沙、扬沙、挖掘和掩埋，这些幼儿可能在处理他们的情绪问题，也有可能伴有一些发展性问题，如孤独症。这时，沙盘游戏分析师需要提供更大的容器，允许并鼓励他们的任何尝试。

2. 邀请幼儿描述和分享沙盘世界

无论是静态沙盘还是动态沙盘、互动性沙盘，分析师都可以邀请幼儿来描述和分享他们最后呈现出来的沙盘世界。如果有幼儿不知道如何说起，你可以请他扮演向导带你游览或者参观他创建的世界，也可以假扮幼儿喜爱或者熟悉的动画人物，向他们提出问题，注意要使用角色身份的语气和口吻去询问，比如，“唉，我也想去这里玩，你带我去吧”等，让幼儿自然而放松地开始他们的讲解和表达。当然，有的幼儿表达能力不足，你不必强求，可以围绕看到的沙盘带着好奇去询问，比如，“这里发生了什么？”“它们要去哪里呢？”“有人住在房子里吗？”“我看到一条小河，能说说它吗？”等等。

3. 记录游戏过程

纸笔记录也是沙盘游戏工作中十分必要的工作，尤其在没有影像记录的时候，更为重要。记录的内容不仅包括沙盘游戏进行的过程，如幼儿挑选的沙盘（干沙盘还是湿沙盘），是否加了水，水量多少（是否覆盖了沙子），沙子如何移动，沙具摆放的顺序和位置，还包括幼儿在沙盘游戏过程中的表情、动作和语言，以及分析师自己的感受和想法以及情绪体验，也就是移情和反移情的部分。

此外，沙盘中的变化也是需要重点记录的，比如被幼儿反复移动的沙具、拿走或者换掉的沙具、埋入沙中的沙具或者其他你觉得重要的变化以及你想回顾的任何细节，都可以先简要地记录下来。由于幼儿在沙盘游戏中的进程相对变化较多，尤其是幼儿常常进行动态沙盘或者互动性沙盘，分析师很难详细地记录整个沙盘游戏过程，所以只需要把你认为重要的东西，用影像也很难回顾到的东西，用纸笔简要记录下来，待沙盘工作结束后，再补充完整。

表 5-3-1 是个体沙盘记录表范例，如你可以根据需要，自行设计适用的表格。

表 5-3-1 幼儿沙盘游戏过程记录表

沙盘游戏分析师：楼老师，来访者：小叶，工作时间：2020年5月11日，13：00—13：50

序号	个体动作或沙具摆放	备注
1	拿了栅栏、女玩偶放在沙盘靠右的中间位置，画了一个圈，在圈中放了一棵树，开始向中间堆沙，形成了一个沙台，又移出了栅栏和树，并扩大沙堆；然后又拿回栅栏和树，在沙堆上放了一个梯子，铺上了路；把玩偶放在沙边	
2	拿了三个栅栏围住沙堆，在边上挖了一个湖，放入了莲花和鸭子。沙堆上放了两个小女孩，沙堆边上有一个大力士和小狗、老虎和狮子。湖的另一边有一个小女孩坐着	
3	左边放了一个亭子，沙堆上放了一个房子，沙堆下有一个婴儿车，栅栏外有一辆汽车。沙堆边上种了许多菜	
4	沙堆外种了草，对调老虎与狮子的位置。把女玩偶放到沙堆外面，调整了两个小女孩的位置	移动沙具
5	种草，修整沙堆	
6	把大石头放入沙堆，灯和钢琴放在沙堆外面	
7	把小石子放入湖中，移出婴儿车和大石头。搭木架子，婴儿车放回原地	
8	一个小女孩放在女玩偶后面，滑板车放在边上。继续搭木架子，并将房子移到沙堆外	
9	继续搭木架子，在沙堆外放了一匹马，并把滑板车放入沙堆中	
10	把大力士和小狗放远了，马移近了。钢琴放到了对面沙盘边上，又移回了原处。调整了亭子的位置。在角落放了两只猪	移动沙具

（三）沙盘游戏的结束

1. 提醒幼儿即将结束

每次幼儿个体沙盘游戏时长大约50分钟，很多幼儿并没有很明确的时间观念，这需要分析师事先与幼儿约定好，并为不认识钟表的幼儿提供更为直观的时间设限，如沙漏。我们可以告诉幼儿：“今天我们在这里有50分钟的时间进行沙盘游戏，当这些沙子漏完的时候，我们就结束。”

结束前几分钟，我们也需要提醒幼儿，时间就快到了，让幼儿有一个准备，并且通过一些有规律的动作来强化幼儿结束的意识。比如，我们放下沙具、停止对话，一起去洗手、喝水等。游戏时间的设置和分析师温柔而坚定的行动，有助于幼儿学习规则和发展社会性。

在离开沙盘室之前，我们可以和幼儿约定或者确认下次工作和见面的时间。如果幼儿想要带走沙盘室里沙具，通常我们并不允许，但对于他自己创造的作品，如绘画、彩泥雕塑等，是可以让幼儿带走自行保管的，同时我们可以帮助幼儿拍摄作品的照片。

视频：沙盘游戏拍摄方法演示

2. 做好影像记录

当幼儿制作完沙盘作品后，给作品拍一组照片来记录这个象征性表达的图像是十分必要的。这样即使在沙盘拆除后，幼儿仍觉得他的创造是存在的，是可以被看见的，这有助于这些意象保持鲜活，同时还为分析师留下重要的资料，以便完成后续的个案报告，同时这些图像也是督导时重要的依据。

一个沙盘至少需要 7 个角度的照片，即两个长边和四个角以及由上而下的俯视，如图 5-3-5 所示。

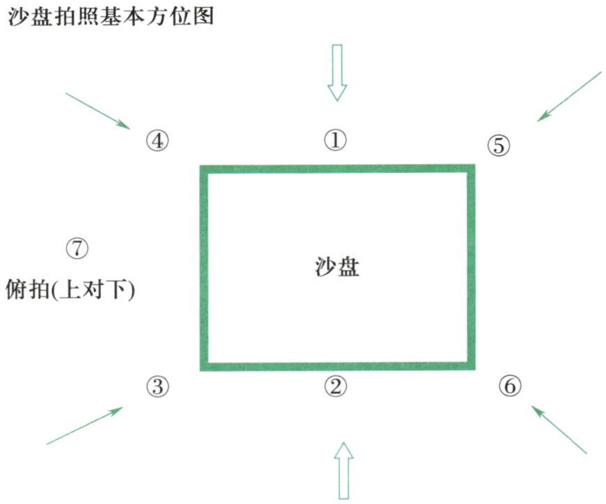

图 5-3-5　沙盘游戏拍照角度示意

此外，我们还可以对特殊沙具和幼儿使用很频繁或者反复移动位置的沙具进行拍照，另外对典型场景和具有特殊意义的场景也可以进行局部拍照。

如果沙盘中有掩埋的或隐藏的沙具，我们可以在拍摄完成各角度的照片后，将其取出再拍摄一张，并在照片上标记出来。

如果幼儿进行的是动态沙盘或者我们与幼儿一起进行了互动式的沙盘，那么摄像机的记录就极具价值了，它可以保留当时幼儿和分析师在沙盘工作中的表情、动作和沙盘里呈现的每一个细节，以便我们理解和分析整个沙盘游戏的过程。

3. 拆除沙盘，整理沙具

一般情况下，沙盘的拆除都是由分析师来完成的，一方面是为幼儿创造安全感，另一方面是为分析师提供更多时间和机会来理解和分析沙盘。在幼儿离开后，分析师应一边仔细地拆除沙盘世界，一边仔细回想幼儿的沙游过程，比如留意掩埋或者隐藏的沙具，观察沙具的彼此位置、呈现的场景，或者沙具中人物的表情。

如果有幼儿想要自己拆除沙盘，这也是允许的，因为这意味着幼儿有对自己建造世界的控制权。此外，有些幼儿可能需要通过拆除沙盘来消除他已经做过的事，或者补救他的错误。因此，我们可以询问幼儿，他希望自己拆除沙盘还是由我们来完成这件事。

三、沙盘游戏分析师的工作伦理

卡尔夫强调沙盘游戏工作的前提是提供安全自由与受保护的空间，这也是沙盘游戏有效性的保证，在幼儿工作中更是如此。分析师除了遵守通常的心理咨询伦理守则外，还需要特别注意以下几点：

（一）尊重幼儿沙盘游戏的自主性

即使是幼儿，我们也不能强迫他们进行沙盘游戏。对于那些对沙盘游戏并不感兴趣，也不愿意触碰沙子的幼儿，我们可以尝试其他的工作方式。即使在沙盘游戏开始后，我们也不能强迫幼儿摆放沙具和讲故事。此外，我们还需要知道并不是所有的幼儿都适合沙盘游戏，对于那些年龄不足两岁半的幼儿，心智能力和感统能力不足的幼儿，爬上沙盘、把沙具和沙子乱丢乱撒的幼儿，以及容易受到过度刺激的幼儿，我们需要谨慎使用沙盘游戏，但是可以循序渐进地开展，逐步尝试，直到他掌握沙盘游戏的技巧，并能够遵守沙盘游戏的规则。

（二）保证幼儿沙盘游戏的安全性

对于幼儿而言，沙盘游戏更多的是游戏，他们会在游戏中尝试扮演各种角色，做出各种假装行为，比如用水、沙子或者沙具，制作食物，我们要避免幼儿将沙子或者沙具放入口中。我们要对幼儿尝试的危险行为，保持警惕。当幼儿登高拿取沙具时，我们要在一旁协助保护，或者询问幼儿是否需要帮忙拿下来；当幼儿装沙、倒沙或者扬沙时，我们要注意提醒幼儿动作轻柔，避免沙子进入眼睛，我们也要随时看护幼儿，不用玩沙的手去触碰和揉搓眼睛，必要时我们要询问幼儿并帮助幼儿处理。沙盘游戏结束后，幼儿洗手消毒后，方能离开。

（三）保护幼儿在沙盘游戏中的主动性

在保证幼儿游戏安全和自主性的同时，让幼儿自由地发挥想象力和创造性是分析师重要的工作，这需要分析师具有一种开放的态度，任何私心杂念都有可能破坏“自由与受保护的空间”，也会对沙盘游戏的工作产生干扰。当幼儿开始其自由主动的沙盘创作时，分析师的陪伴、跟随或者配合与互动，都要以幼儿为主，分析师需要保持对移情和反移情的觉知。

（四）定期参加沙盘游戏的学习和督导

就分析师的实践而言，专业的训练和督导是必不可少的，这是一个分析师成长和进步的基础和保障。分析师需要接受系统的学习和训练，并在工作中定期接受个体督导或团体督导。因此，每次沙盘工作结束后，整理工作记录，并定期形成个案报告就是十分重要的工作。

第四节　沙盘游戏个案报告的撰写

关键问题

- 撰写个案报告的作用有哪些?
- 个案报告的基本要素包括什么?

沙盘游戏的个案报告需要介绍较为完整的工作过程，对每一次沙盘游戏过程的大致情况有所交代。沙盘游戏分析师要觉察来访者的言语、行为、情绪等，体会工作的全过程，同时从分析心理学的角度进行理解。

一、个案报告的作用

个案报告的撰写，不仅是沙盘游戏分析师回顾与梳理工作过程的有效手段，也能为后续的案例督导提供完整材料。督导是沙盘游戏历程中的重要环节。在共同回顾个案的沙盘游戏工作过程中，督导师会提出自己的见解，判断沙盘游戏分析师的做法是否合适、回应是否到位等，帮助沙盘游戏分析师更好地理解个案，把握沙盘游戏的工作要点，觉察咨访关系中的移情与反移情，明确未来的工作方向，最终使沙盘游戏的工作更为清晰，尤其是当沙盘游戏分析师对个案的理解有所欠缺、难以把握沙盘的时候。

二、个案报告的基本要素

沙盘游戏是无意识水平的工作，会触及到来访者较为深层的心灵世界，通常需要一个较长的工作过程才能产生一定的工作效果。所以，个案工作至少需要 12 次，并且还要保证咨询工作的连贯性与完整性，其中至少有 10 次是涉及沙盘游戏的工作。

沙盘游戏个案报告一般由初始访谈、初始沙盘、沙盘游戏的过程分析、沙盘游戏的效果与评估、沙盘游戏的结束与总结这五个部分组成。

（一）初始访谈

面对 3～6 岁的学龄前幼儿，沙盘游戏分析师首先需要与家长进行初始访谈，一方面是要征得家长的同意，另一方面可以收集幼儿的个案信息，初步了解幼儿及其家庭的情况。

1. 对幼儿来访者的初始印象

初始印象是指沙盘游戏分析师对来访者的最初感受。面对幼儿工作时，沙盘游戏分析师不仅要描述对幼儿的初始印象，最好还能够具体描述对幼儿父母的初始印象。

2. 幼儿来访者的求助原因

一般情况下，幼儿是由家长陪同前来咨询的，因此沙盘游戏分析师需要向家长了解求助原因，包括幼儿的情绪、行为等方面的困难及造成的困扰，这个问题本身便具有心理分析意义。

3. 幼儿来访者的背景

主要包括来访者的基本信息：身体状况，现实生活状况，认知、语言、情绪、社会性等方面的能力发展状况，同时沙盘游戏分析师需要了解来访者的成长环境、家庭氛围、主要养育者及亲子互动方式，家庭主要成员及关系，父母工作、情感状况，由此来理解影响来访者心理问题的因素可能是什么。

4. 幼儿来访者的成长史

来访者的成长史是非常关键的部分，主要指从出生至今，其主要经历过的生活事件，特别是创伤事件、重大经历对其产生的影响，还有母亲的怀孕历程，来访者的出生方式、喂养方式、辅食添加情况、疾病史、教育情况等，以便深入剖析幼儿心理发展的过程，分析其心理问题的可能缘由。

5. 对幼儿来访者进行心理评估

沙盘游戏分析师在了解来访者的求助原因、生活背景以及成长史的基础上，结合相关心理学理论，对来访者的问题做出初步的评估与假设，以便确定工作目标。

6. 确定沙盘游戏工作目标

根据初始访谈获取的信息，沙盘游戏分析师需要制定符合心理动力学的工作目标。

（二）初始沙盘

通常情况下，初始沙盘就是来访者第一次制作的沙盘。但考虑到工作初期，沙盘游戏分析师与来访者的关系尚未稳固，来访者可能还没有打开自我的心灵世界，所以初始沙盘也可以是前两三次的沙盘。卡尔夫强调，初始沙盘能够为沙盘游戏分析师提供工作方向的指引，具有心理分析和心理评估的意义，应着重解读初始沙盘的意象，并需要着重记录：

视频：5 岁男孩的初始沙盘

1. 初始沙盘的过程

来访者是如何开始沙盘游戏的、是如何接触沙子的、是否使用水、拿了哪些沙具、摆放的顺序是怎样的、对沙子进行了哪些操作等，以及过程中来访者所表达的语言、动作、神态等。

2. 初始沙盘的内容

来访者呈现的主题、表达的故事、想象、现实、回忆等。

3. 初始沙盘中的互动

沙盘游戏分析师和来访者之间的互动情况，体会其中移情和反移情的表现。

4. 分析初始沙盘

分析初始沙盘中所呈现的主题、方位、顺序以及重要意象，并且联系来访者的内外部现实进行深入的解读，要有总结和梳理。

5. 沙盘游戏分析师的感想

沙盘游戏分析师对初始沙盘游戏的感受和联想。

（三）沙盘游戏的过程分析

1. 描述沙盘游戏的工作过程

沙盘游戏的过程要比沙盘图画本身更加重要，因此沙盘游戏分析师不能只是简单记录沙盘游戏中摆放的沙具、对话，还需要思考。例如：某个沙盘体现了怎样的主题、故事？来访者是如何通过语言、非语言来呈现沙盘中的故事？这些主题、故事与来访者的主要心理问题有什么联系？我是如何看待、感受和参与的？我是如何理解来访者对创伤、阴影的表达的？工作过程中不仅要看到来访者的问题，更要发掘来访者的治愈潜能。

2. 象征性地理解

基于过程描述，选择与来访者主要心理问题、心理史密切相关的意象进行解读，不要求对每一个意象逐一分析。这里需要注意，若是过度地把注意力放在分析沙盘图画上，就容易忽略掉创造沙盘图画的那个活生生的孩子，以及他认真、专注、投入其中地制作沙盘图画的过程。

（四）沙盘游戏的效果与评估

沙盘游戏的效果主要从以下方面评估：

一是来访者现实生活中的变化，即问题是否得到解决或转变。

二是来访者沙盘图画的变化，即沙盘游戏分析师对系列沙盘进行对比与分析。随着工作开展，来访者逐步变得积极，沙盘情节发生转化，心理创伤愈合，这些表现可以说明工作是有效的。

三是基于沙盘游戏咨询前后心理测验、心理评估、心理分析所体现出来的效果进行评估。

四是对于幼儿的个案效果评估，沙盘游戏分析师尤其需要反思和考量：幼儿是“被教育”了，还是获得了真正的心理发展。

（五）沙盘游戏的结束与总结

1. 工作是如何结束的

沙盘游戏工作的结束也是一个非常重要的部分，需要沙盘游戏分析师与来访者及其家长共同商定。结束不代表立刻停止，一般建议来访者心理问题缓和后继续 2 ~ 3 次的咨询，慢慢走向结束。但有时也会因为一些客观原因不得不结束咨询工作。无论以哪种方式结束，沙盘游戏分析师都需要在个案报告中呈现结束这个部分，要将结束工作作为一部分去理解，并且觉察和理解咨询关系的结束是否处理得当，理解其中可能存在的意义。

2. 主要收获与反思

沙盘游戏分析师重温个案沙盘游戏的工作全过程，结合过程中的个案督导，对沙盘游戏工作中的关键内容和细节进行反思与再理解。

三、个案报告范例

视频：浩浩的沙盘之旅

（一）初始访谈

1. 来访者基本情况

安安，一名中班男孩，智力正常，性格外向，对新环境的适应能力较好；能自主如厕，能自主穿脱鞋袜，多数情况下能自主进餐，但偏食；口齿不清，喜欢重复说同一句话，常常答非所问；触觉过度敏感，大动作协调能力差，平衡能力差，走路东倒西歪，容易碰撞东西或摔跤，精细动作能力不佳；易激怒，尤其是在妈妈面前常常会爆发情绪，歇斯底里地哭闹、抓狂，会直接用行动来表达自己的需求，情绪表达能力仍处于婴儿时期，尚未达到同龄人的社会交往能力，常常与同伴发生冲突，无法辨别他人的行为是善意还是恶意，只要同伴有触碰到他的意向，他就会以身体上的攻击来回应。

安安与同伴交往时，经常出现攻击性行为，比如争抢玩具、推搡打人、撕扯头发等，通常伴随情绪波动大、发脾气、暴躁等表现。班级其他幼儿家长的高频投诉，让教师力不从心，安安家长也很无奈。教师与家长期望通过沙盘游戏来干预安安的攻击性行为。

2. 沙盘游戏分析师印象

安安活泼开朗，一见面便主动发起互动交谈，能回答简单的问题，但说话时话题跳跃，能听懂指令但有时会故意不服从，不喜欢与沙盘游戏分析师有身体上的触碰，精力非常旺盛，喜欢在沙盘游戏室里跑来跑去，爬高、扔东西，未见有重复刻板行为。

（二）初始沙盘

本次沙盘是安安的初始沙盘，安安一进入工作室就被沙子和沙具所吸引，自发地摆弄沙具、玩沙子，立刻开始进行沙盘游戏，很快进入状态。

1. 摆放与交流过程

初始沙盘中，安安全程站立着搭建沙盘，一边创建场景，一边讲述故事。

第一次，安安拿了许多车辆，油罐车、两辆随吊车、一辆大卡车、一辆洒水车，一辆公交车、两辆警车，车辆堆放在沙盘的左下侧。他拿着一辆随吊

车在沙盘上行驶，对我说“这是吊车妈妈”，接着指向另一辆吊车，“那是吊车爸爸”。然后，他把油罐车放到了沙盘的右下角，从沙具架上拿了一个蓝色的炒锅，不停地将沙子铲到油罐车上，边铲边说：“这是汽车宝宝，我在给它洗头、洗澡，它有妈妈，妈妈会陪它睡觉、看书。它还要上幼儿园，去逛商场。”紧接着，他把大卡车、洒水车、警车、公交车紧密地摆放在一起，边摆边说：“这些都是汽车宝宝，它们要去游乐场，它们最喜欢游乐场了，妈妈带我去过少年宫。”

第二次，安安又拿了许多车辆，一辆蓝色皮卡车、一辆红色小汽车，一辆绿色铲车，一个货箱，一辆蓝色警车、一辆蓝色卡通汽车、一辆公交车和一个高铁车头。安安先把这些车辆堆放在一起，接着拿起绿色铲车，把货箱扣在铲车的后面，拉着铲车车头，驶向沙盘的上方：“这是我的垃圾车，我要去清理垃圾。”接着，安安拿起“吊车妈妈”，试图把蓝色警车吊起来，但发现吊不起来。

第三次，安安蹲在沙具架附近看沙具，他拿着一个小垃圾桶，问道：“老师，这是什么？”分析师反问：“你觉得这是什么？”安安立即说：“这是垃圾桶啊，你怎么连垃圾桶都不知道。”接着，他一手拿着垃圾桶，一手用蓝色的炒锅把沙子铲到垃圾桶里：“我要挖点垃圾进去，我要把垃圾桶装满。”垃圾桶装满了沙子之后，安安紧接着把垃圾桶的沙子倒出来，再用炒锅把垃圾桶里装满沙子，再倒出，重复了十几次。过程中安安铲沙子过于用力，沙子撒到了沙盘外面，他会看着分析师说：“哦，撒到外面了，我不是故意的。”分析师：“没关系。”安安把沙盘边缘的沙子往盘子拨一拨，又继续开始装沙、倒沙。最后，安安把装满沙子的垃圾桶放在了皮卡车上，把皮卡车开到了“吊车妈妈”旁边，把高铁车头放在了“吊车妈妈”后面，再把公交车放在了“吊车爸爸”的后面。

第四次，安安拿着蓝色锅盖，把盖子放到分析师嘴边，说道：“老师，这是草莓饼干，给你吃。”

分析师：“好的，谢谢你。”

安安说：“这不是饼干。老师，你生病了，这是给你吃的药，是草莓味的，不苦的。”

还没等分析师回应，安安紧接着说：“我想吃草莓味的养乐多。”

接着，安安拿起小垃圾桶，自言自语：“垃圾桶太臭了，我给它洗澡。”

然后把垃圾桶的沙子倒出，用蓝色锅盖铲沙子，倒在垃圾桶上，和之前一样重复数次后，拿着垃圾桶对着分析师的鼻子，说道：

“老师，你闻闻看，香不香？”

“嗯，你觉得呢？”

“我觉得很香。”

接着，又拿起蓝色锅盖给垃圾桶“洗澡”。

第五次，安安拿了三架飞机，一辆黄色云梯车，一辆蓝色警车。安安拿着飞机，假装在飞行，他发现飞机的一个轮胎掉了，自问自答：“老师，飞机的一个轮胎没有了，是谁掰掉的？……是我掰坏的。警车来了，铲车也来了，云梯车也来了，它们都来救飞机了。下次再掰坏，我就让警车把那个人抓起来。”

第六次，安安拿了一只猫咪、一头小牛、一只大恐龙和一棵果树。他先把大恐龙放在“吊车妈妈”旁边，接着把猫咪拿到垃圾桶旁边，自言自语说：“猫咪，你闻闻看，臭不臭？”紧接着，把猫咪放到了警车的旁边，“这是宝宝（绿色警车），这是妈妈（浅绿色警车），这是爸爸（警车大巴），小猫咪在玩沙子，跟警车宝宝在比赛。”

第七次，安安拿了一个海边摊位，上面有三个人，放在了“妈妈警车”后面：“小汽车渴了，可以到这里吃冰激凌，我喜欢草莓味的冰激凌。”接着，又拿了一棵果树，四种深绿色的军事武器放在沙盘的最右侧，并指着它们说：“这些都很厉害的，会保护飞机的。”接着，把小牛放在了油罐车前面，又拿了一棵果树，把两棵果树放在了高铁的后面。

第八次，安安拿了一个彩虹玩具、两只猫头鹰玩具。安安把彩虹放在了最左侧：“这是彩虹，两只鸟在彩虹上飞，飞呀飞，它们到这里（蓝色锅盖下）休息了。”紧接着，又把恐龙放在了彩虹上面，边往垃圾桶方向跳跃边说：“恐龙，你闻闻看，垃圾桶臭不臭？臭死了，臭死了，我就是故意要把你臭死的。”

分析师向安安提示游戏时间结束了。安安不愿意离开，一边拿锅铲把沙子撒到皮卡车的垃圾桶上，一边说：“再让我玩一会。”分析师告诉他今天的游戏时间到了，这是游戏规则。

安安说：“老师，我好喜欢这里的小汽车，它们每一个都很好，你下次再带我来玩，好不好？”

分析师："好的。"

安安对着小汽车们挥挥手说："再见。"

2. 沙具使用情况

幼儿沙具使用情况如表 5-4-1 所示。

表 5-4-1　来访者沙具使用情况统计

种类	数量	种类	数量
交通工具	24	人物	3
军事武器	4	家具类	3
动物	5	其他	1
植物	2		

（三）沙盘游戏分析师的感受

安安在创建沙盘时非常投入，整个过程一直在不停地边摆放边讲故事，自言自语、自问自答，偶尔会与沙盘游戏分析师有交流，非常沉浸地进行游戏。

从这幅初始沙盘意象来看，画面在一定程度上呈现出"混乱""受阻"的创伤主题（图 5-4-1 至图 5-4-4）。盘面中有很多的动物和车辆，但是它们在拥挤之中无法行驶，象征着安安内在的能量无法顺利地流动与运转。从沙盘空间现象的象征性角度来看，沙盘画面中沙具集中摆放在下方，上方是空的，沙具大多朝向左边，代表着退行，或者代表安安内在的能量可能流回到无意识

图 5-4-1　来访者初始沙盘照片

图 5-4-2　沙盘游戏分析师角度照片

图 5-4-3　侧角照片

图 5-4-4　局部照片

中，并没有很好地向外部世界发展。沙盘左下角有许多功能型车辆，这些社会化的功能却停留在无意识层面，而在象征着意识化层面的沙盘右下角，摆放了具有攻击性的军事武器。正如生活中所表现的，安安的情绪表达、与人互动等意识层面的社会性功能发展是相对落后的，安安的情绪情感的表达方式、自我需求的表达方式都仍在停留在婴儿期，情绪一旦爆发近乎歇斯底里，表达需求也像婴儿时期一样直接用动作而非语言，虽然事后认错态度极好，但仍然难以控制自我。于是，这幅凌乱、挤压的沙盘画面，似乎在呈现出安安内心某种不安、烦乱和失控的状态，这可能也是心理能量处于紊乱的表现。

安安有较长的时间在摆弄一个绿色的小垃圾桶，把垃圾桶装满沙子再倒出来，不断重复。安安在之后连续多次的工作中都一直钟爱这个沙具，这可能是个非常关键和重要的意象。垃圾桶象征着什么呢？垃圾桶最直接的功能是储存垃圾的容器，很臭，大家是很嫌弃的，看到垃圾桶，可能都是避开着走的，这极有可能是安安的自我投射。在家里，安安是家人情绪宣泄的对象，在幼儿园，他因为常常打人，其他幼儿都不愿意跟他玩。同时，联系安安早期的创伤事件，从内在的角度去理解垃圾桶的意象。安安在婴儿期被检查出患有先天性的遗传疾病，是通过骨髓移植存活下来的。当一个孩子患病的时候，出于母爱，妈妈会呈现出积极母亲的一面，关爱照顾孩子，但同时也会带有消极母亲的一面——病耻感，为什么我会生一个有病的孩子。安安妈妈在情绪表达方面常常会表现出非常极端的一面，沮丧、暴躁、厌烦，对孩子打骂。或许妈妈自己也没有意识到，可能这个部分隐藏在无意识之中，但在安安的沙盘中得以呈现，孩子很有可能是感受到妈妈无意识中的病耻感——“我是有病的，我就像垃圾一样，给全家带来了麻烦”。安安极度缺乏安全感的，来源于早期创伤的不安全感，会迁移到同伴交往中，表现在行为层面可能是：我不确定我和同伴相处是否是安全的，我不确定他人对我是善意的还是恶意的，为了保护我自己，我先出手了再说。

此外，安安也热衷于用沙子给垃圾桶、车辆洗澡，沙盘中也出现了象征着生命力的绿色植物，代表着安安的自救、自愈，安安的内心是渴望得到滋养的，渴望真实的感受能被他人接纳，渴望能与他人建立联结。

思考题

一、名词解释

沙盘游戏；集体无意识；原型；初始沙盘

二、简答题

1. 基于沙盘游戏的定义，你认为沙盘游戏的基本要素有哪些？

2. 请选择一个你感兴趣的沙具，说一说它的象征意义。

3. 如果你需要筹备一个儿童沙盘游戏室，请写一个物品购买清单。

三、个案报告

请在完成一次沙盘游戏操作后，写一份沙盘游戏个案报告。

第五章答案

第六章 幼儿常见问题行为

学习目标

❶ 理解什么是语言问题、注意缺陷多动障碍、孤独症谱系障碍和攻击性行为。

❷ 知道语言问题、注意缺陷多动障碍、孤独症谱系障碍和攻击性行为的发生率。

❸ 掌握语言问题幼儿、注意缺陷多动障碍幼儿、孤独症谱系障碍幼儿和攻击性行为问题幼儿观察与识别的要点。

思维导图

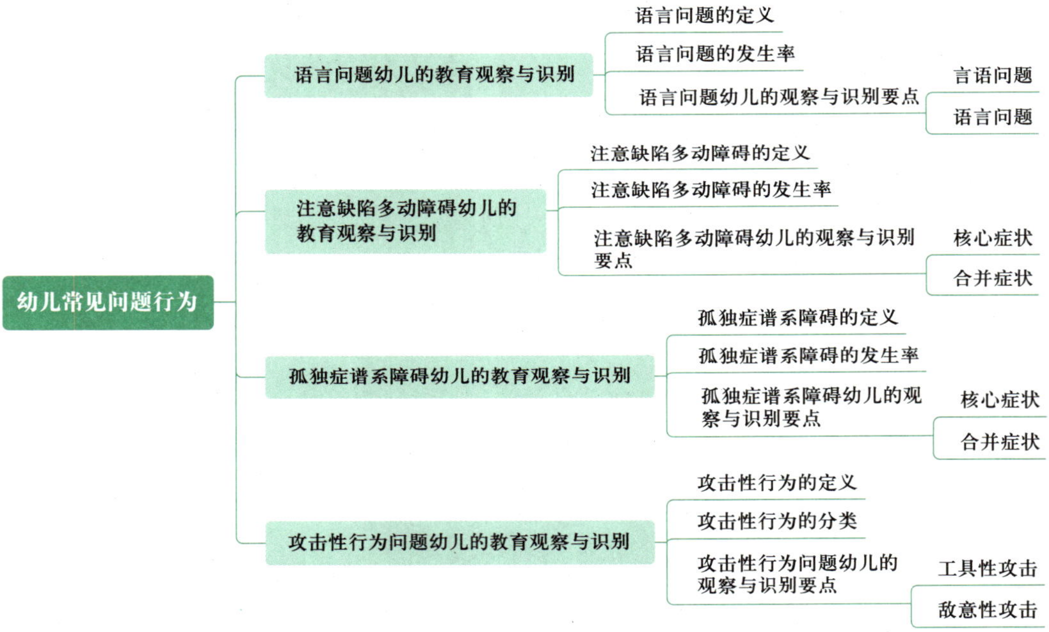

第一节 语言问题幼儿的教育观察与识别

关键问题

- 什么是言语障碍、语言障碍？
- 语言问题幼儿观察与识别的要点有哪些？

语言是社会交往的媒介，是人们表达情感和适应社会的工具。传统语言学中，语言和言语是两个不同的概念，言语即“说”，语言即“话”，它们之间相互区别，又相互依存。言语离不开语言材料，否则人们之间无法进行沟通交流。同样，语言也离不开言语，任何一种语言都需要通过言语才能起到沟通交流的作用。

一、语言问题的定义

言语障碍（speech disorder）和语言障碍（language disorder）统称为语言问题。言语障碍主要是儿童在发准声音、保持适当的言语流畅性及节律，或者有效使用嗓音方面表现出的缺陷与困难。语言障碍主要指儿童在语言理解或语言表达方面出现的问题，以及语言能力发展明显落后的现象。①

二、语言问题的发生率

语言问题是幼儿期各种发展障碍中的一种主要类型，有相当一部分学龄前儿童由于种种原因存在不同形式的语言发展问题，发生率达到 3.5%～7%。国外的研究报告显示，2 岁幼儿语言问题的发生率高达 17%，6 岁为 3%～6%。②我国的调查研究显示，3—6 岁幼儿语言问题的平均发生率

① 雷江华 . 特殊儿童发展与教育［M］. 2 版 . 北京：高等教育出版社，2024：175.

② SHRIBERG L D，TOMBLIN J B，MC SWEENY J L. Prevalence of speech delay in 6-year-old children and comorbidity with language impairment[J]. Journal of Speech Language & Hearing Research,1999,42(6)：1461-1481.

为2.1%，4—5岁幼儿语言问题的平均发生率为2.6%。①随着年龄的增长，一部分语言发展迟缓幼儿会在学龄前期跟上同龄幼儿的语言发展进程，但是一部分则持续表现为语言发展困难。另外，由于语言问题的复杂性，不同国家和地区以及不同年龄段幼儿，其问题的发生率存在一定的差异。

三、语言问题幼儿的观察与识别要点

特别的孩子

孤独的“小山”

小山，男孩，2018年12月出生，独生子，现就读于某幼儿园大班。小山的语言发展水平明显落后于同龄小朋友，平时在说话过程中，词汇不丰富，说出的句子都较为简单，而且经常会出现主语缺失、语法错误等现象，这就导致他经常因为无法清楚表达自己的想法而大发脾气，也没有小朋友愿意和他玩。

独来独往的小蕊

小蕊，女孩，2019年4月出生，独生女，现就读于某幼儿园大班。小蕊从生理和心理发展上与班级其他小朋友并无差别，但说话时常常吐字不清，如：“哥哥”（gē gē）念成“得得”（dē dē）；“果果”（guǒ guǒ）念成“朵朵”（duǒ duǒ）；“老师”（lǎo shī）念成“老思”（lǎo sī）等。这同样导致她在班里没有好朋友，经常独来独往。

小山的案例描述了一位语言障碍幼儿的具体表现，小蕊的案例描述了一位言语障碍幼儿的具体表现，有相当一部分学龄前儿童由于种种原因存在各种形式的语言发展问题。因此，及早发现问题，及早帮助这些幼儿进行语言康复训练，不仅有利于他们克服由于语言问题而产生的社交、情绪和行为等问题，而且有利于提升其社会适应能力。

① 姚建菊．普通幼儿园低领儿童特定性语言障碍的调查报告 [J]. 考试周刊，2013,53（10）：194–195.

（一）言语问题

1. 发声障碍

特别的孩子

丫丫，你在说什么？

午餐后，丫丫想找老师玩捉迷藏的游戏，她对老师说："老师，我吃完饭了，你陪我玩捉迷藏游戏吧。"可是由于丫丫说话很轻，老师没听清楚。这下丫丫气得直跺脚，尖叫着大喊起来："我不跟你说了，我生气了。"然后一个人跑到睡觉房间去了。

"说话声音很大"的小宝

美术课上，小朋友都在认真地完成老师布置的作业。画着画着，小宝蓝色的水彩笔画不出来了，他跑到老师身边对老师很大声地说："老师，我蓝色的笔没有水了，能不能给我换一支？"这时，全班的小朋友都看向他，哈哈大笑起来。老师及时纠正说："小宝确实想和老师轻轻地说话，只是控制不好。大家赶紧完成自己的画吧。"说完，抱了一下小宝，拿了一支新的蓝色水彩笔给小宝。

丫丫说话声音很"轻"，导致别人无法听清楚她在说什么，小宝说话声音很"大"，导致他说的话全班小朋友都能听见，这些表现出言语障碍幼儿的第一个核心特征——发声障碍。发声障碍是指在说话过程中，由声带问题导致个体在音调、响度和音质等方面的异常。有的幼儿由于发音器官有器质性病变（如声带肥厚），影响其正常发声；有的幼儿由于协调运动发音器官的能力有限，在说话的过程中难以对音调、响度和音质等进行恰当的控制，从而在声音运用上存在障碍。发声障碍的观察和识别的要点主要包括以下几个方面：

（1）音调异常，即声音的高低异常。音调异常主要是由发音体的振动频率异常造成的，通常表现为音调过高、音调过低、声音没有起伏变化或怪声怪调。

（2）响度异常，即声音大小强弱的异常。响度异常主要取决于说话者用力的大小。通常表现为响度过高或过低、喉切音失音（指由于喉部全部被切除而丧失发声的能力）、癔病性失音（指由于心理原因造成的突然发不出声音）和响度单一。

（3）音质异常，即声音的特色异常。音质异常通常表现为共鸣异常、鼻音过重（如：唇腭裂会影响声门关闭造成鼻音过重）、鼻音过轻（如：鼻炎会造成鼻音过轻）、气息声和嘶哑声。

2. 构音障碍

特别的孩子

发音存在添加和替代现象的涂涂

涂涂从滑梯滑下，老师伸出右手并说："涂涂，拍手！"涂涂伸出了左手与教师击掌。老师再次要求涂涂说："拍手"，涂涂伸出左手嘴里说着："piāo shǒu。"奔跑时，涂涂不小心摔了一跤，涂涂一边哭一边说："dòng，dòng。"

说不清话的洋洋

洋洋正在用塑料片切橡皮泥，老师模仿洋洋切的动作并念着："炒青菜，炒青菜，切切切。"洋洋被逗乐了，跟着念："qiǎo qī 菜，qiǎo qī 菜，切切切。"老师又问 ："洋洋，你在做什么好玩的东西？"洋洋回答："ě 在做 nuó 卜（我在做萝卜）。""哇，老师想吃炒萝卜。"洋洋马上做出切萝卜的动作，一边切一边说："qiǎo nuó 卜，qiǎo nuó 卜，切切切。"

f和h不分的成成

集体教学活动中，老师问小朋友："平时你们回家后都会做些什么事情呀？"成成高高举起了小手说："我 féi（回）家后 fèi（会）和姐姐一起玩玩具和看书。"刚说完，小朋友们都哈哈大笑，有的小朋友还在重复成成的发音错误。老师示意让小朋友安静下来，并表扬成成回答得很好。活动结束后，老师把成成叫到一旁，问他："成成，你喜欢黄色吗？"成成说："我不喜欢 fáng（黄）色，我喜欢蓝色。"

涂涂的发音存在添加和替代的现象，"pāi shǒu"说成"piāo shǒu"，"tòng"说成"dòng"；洋洋的发音存在歪曲和省略的现象，"chǎo qīng cài"说成"qiǎo qī cài"；成成的发音存在替代现象，"húi jiā"说成"féi jiā"，"hùi"说成"fèi"。这些表现出言语障碍幼儿的第二个核心特征——构音障碍。

构音障碍是指在说话过程中由构音器官的运动异常或协调运动障碍导致的构音不清和声韵异常的现象，其观察和识别的要点主要包括以下几个方面：

（1）替代，指言语过程中用一个音去替代另一个音。如将“兔子跑了”说成“肚子饱了”，“贪吃”说成“单吃”，也就是用不送气音“d”替代了送气音“t”，用不送气音“b”替代了送气音“p”。

（2）歪曲，指言语过程中用语音系统中没有的音替代原来的音，使得语音扭曲改变，使他人无法听清发的是什么声音。歪曲音的出现多与幼儿大脑某些部位受损或者是发音器官本身缺损有关。如：将“师”（shī）的声母（sh）读成其他无法识别的音。

（3）省略，指言语过程中丢失某个或某几个音段，造成音节的不完整现象。如：将声母省略，将“哥哥”发成“ee”；将双韵母省略成单韵母，将“在”发成“za”；将韵尾漏掉，将“高”发成“gā”。

（4）添加，与省略相反，指在言语过程中增添了原音节中没有的音段。如：将“跑”（pǎo）发成“piǎo”，“馋”（chán）发成“chuán”。

（二）语言问题

特别的孩子

静待花开，等你开口

“老师，涵涵又打人了。”冬冬生气地跑过来向老师告状。转眼一看，涵涵生气地发出：“嗯……啊……”的声音，但是不能清楚地表达。老师问：“涵涵，刚刚发生了什么事情？”涵涵只是很生气地站在一旁，冬冬却在旁边说：“他霸占积木，不给我们玩。”说着冬冬又伸手去拿积木，涵涵马上脚一踩，抢回来后又动手推了冬冬。语言课上，老师问涵涵：“涵涵，哪只小动物来了呀？”涵涵一看老师请他回答问题，立马转过头，两只手紧张的搓起来。“没关系的涵涵，如果你想说了就告诉我。”

不着急，慢慢说

开学初，教师组织了一次“介绍我自己”的活动，大家都争先恐后地介绍自己，“我叫暖暖”“我叫菜菜”“我叫甜心”……轮到源源的时候，他磨磨蹭蹭地不肯上来，老师走到他面前，蹲下来问：“宝贝，你叫什么啊？”“嗯……嗯……，我……我叫……叫……”源源瞬间脸涨得通红，许久也没说出自己的名字。老师一边让源源慢慢说，一边给源源提供语言支架。

语无伦次的宇宇

宇宇在幼儿园基本上不主动与别人交流，除非别人和他一起玩，他才会说一些简短的话，例如“这是我的”“不要”“起火了，消防车，警报警报，嘀呜嘀呜”。

涵涵与同龄小朋友相比，语言发展比较缓慢，源源说话存在口吃的现象，宇宇无法说出一句完整的话。这些都是语言障碍幼儿的核心表现，语言障碍幼儿是指在正常环境下成长，智力及听力正常，没有神经或精神损伤的幼儿，其观察和识别的要点主要包括以下几个方面：

（1）失语症，指幼儿在获得语言能力后，由大脑语言区域及相关部位损伤所引起的言语功能受损或丧失，并影响个体的听、说、读、写和计算能力的发展。根据大脑损伤部位的不同，失语症又可分为：① 运动性失语症，表现为虽然幼儿发音器官正常，可以自由运动，但是幼儿不会使用发音器官；② 感觉性失语症，表现为幼儿虽然能够听到声音，但是言语理解能力极差；③ 言语声音失知症，表现为幼儿的语音听觉严重受损，喜欢使用表情和手势语；④ 声音定向障碍，表现为对声音刺激不注意，听到和倾听声音组合的能力基本丧失。

（2）语言发育迟缓，指幼儿在语言发展过程中，进步缓慢、发展所需时间长、语言理解和运用水平明显低于同龄正常幼儿的现象，不包括由听力受损导致的语言发展迟缓。语言发展迟缓主要表现为说话晚、进度慢和说话不清等。

（3）语流障碍也称为流畅性障碍，指说话在速度、停顿、轻重、节律等方面存在异常。该障碍开始于 2.5—4 岁。最常见的语流障碍包括口吃和速语症两种。口吃是语言节律障碍中最常见的现象，为了避免说话不流畅，幼儿可能产生皱眉或者捶首顿足等躯体动作或逃避交流等行为。其主要表现为：重复语音达 3 次以上，且连续如此，如“我，我，我想吃东西”；延长语音超过 2 秒，如“我——想去吃东西”；中断所说的话或随意添加句子成分，如“我（中断 3 秒）想吃东西”；首字难开。速语症表现为语速过快、音节遗漏和发音短促等。

（4）语言发展异常，指幼儿在语义、语音、语法和语用等方面的发展落后于同龄儿童，未能正常获得语言而出现的障碍。语言发展异常主要表现为：

① 语义障碍。通常表现为词汇过度类化、多义词理解有困难、不理解象征性语言、词汇提取困难、词汇量少、语义组织和语义链接存在困难等。② 语音障碍。通常表现为语音发音错误及语音识别障碍。一个完整的汉语音节包含了元音、辅音和声调，存在语音障碍的幼儿在声调感知上存在障碍，而声调感知是语音障碍幼儿普通话声母发音偏误的因素之一。塞音是最常见的声母发音错误方式，如：一声和四声音节中的塞音更容易不送气音化，二声和三声音节中的塞音更容易送气音化，在送气音和不送气音的对比上，送气音声调对塞音的影响更大。因此，在进行塞音发音训练时，建议优先训练不送气塞音。[①] ③ 语法障碍。通常表现为语序不当、简单无变化、前后句子关系混乱、错误使用代名词和量词等。④ 语用障碍，指在言语交流过程中，由于表达不清晰与他人沟通失败。通常表现为无法完整地对事件进行描述、叙事时不考虑前后逻辑关系、想到什么说什么、句子中经常增加词汇或遗漏词汇、缺乏前后一致性。

干预案例：语言发展异常的小明

第二节　注意缺陷多动障碍幼儿的教育观察与识别

关键问题

- 什么是注意缺陷多动障碍？
- 注意缺陷多动障碍幼儿观察与识别的要点有哪些？

“多动症”在1854年受到关注，德国医生霍夫曼发现很多患过脑炎的幼儿会有无端躁动不安的现象，并首次将幼儿这种活动过度的现象作为一种病态予以描述。1902年，英国儿科医生乔治·斯蒂尔发表了一篇题为《幼儿异常心理状态》的文章，第一次较充分地对幼儿活动过多、躁动不安的现象做了详细的描述和分析，他表明这些孩子智力都是正常的，但是他们认为“动作控制不

① 易爱文，李素萍，黄双苗，等.汉语声调对发育性语音障碍儿童塞音偏误的影响研究［J］.听力学及言语疾病杂志，2020，28（5）：502-505.

正常”，是一种独立的疾病。后来，有研究者又补充说明这些孩子其实在“行为选择能力”和“持续注意能力”上存在缺失。在脑炎流行之后，很多医生发现受感染的孩子有类似的后遗症，故认为注意缺陷和行为多动的问题可能是由轻微的脑部损伤导致的，所以又称之为“轻微脑功能失调（Minimal Brain Dysfunction，简称 MBD）”。

自霍夫曼提出幼儿活动过度的现象是一种病态以来，很多精神病专家、教育学家、心理学家和社会学家都从不同角度对该病进行了讨论和研究。多动症的研究大致经历了脑损伤研究时期（1900—1959）、多动症候研究时期（1960—1969）、注意缺陷研究时期（1970—1979）、诊断标准争论时期（1980—1989）和核心症状整合与多学科共进时期（1990—至今）。[①] 由此可见，多动症是一种非常复杂的疾病。

一、注意缺陷多动障碍的定义

目前来说，关于多动症的界定和诊断标准较权威的是世界卫生组织公布的《国际疾病诊断分类》、美国精神医学学会的《精神障碍诊断与统计手册》和中华医学会精神病学分会的《中国精神障碍分类与诊断标准》这三种。

注意缺陷多动障碍是幼儿期最为常见的心理及行为障碍之一，表现为幼儿在任何场合（如：家庭、学校及公共场所）均表现出与同龄正常幼儿不相符的注意分散、活动过多、冲动及控制力差等问题，严重影响了幼儿的学习和生活。尽管这些症状会随着年龄的增长而有所减少，但注意力缺乏问题和多动冲动行为问题持续存在，甚至有大部分注意缺陷多动障碍的幼儿到了青少年期和成年期，还会出现学习困难、社会功能不良和违法犯罪等问题。因此，及早发现、及早诊断和及早干预显得尤为重要。同时，在干预的过程中，成人要学会从多角度分析症状，选择科学有效的方法帮助注意缺陷多动障碍幼儿更好地适应社会。

二、注意缺陷多动障碍的发生率

注意缺陷多种障碍的患病率较高，但从各个国家各个地区的数据报告来看，注意缺陷多动障碍的发生率差异很大，这表明发生率的高低与地域、研究

---

① 陈彩琦 . 多动症的心理研究与矫治［M］. 广州：暨南大学出版社，2012：9.

人群、诊断标准和社会环境等诸多因素密切相关。根据美国精神医学学会《精神障碍诊断与统计手册》第五版的数据，幼儿注意缺陷多动障碍的发病率为 5.9%～7.1%。我国从 20 世纪 80 年代开始对幼儿注意缺陷多动障碍的发生率进行调查，结果显示：1980～1989 年的发生率为 3.7%，1990～1999 年的发生率为 4.3%，2000～2011 年的发生率达到 6.2%。① 由此可见，多动症的发生率呈现不断上升的趋势。有研究者对镇江市学龄前幼儿注意缺陷多动障碍的发生率进行调查，结果显示：幼儿注意缺陷多动障碍的发生率为 3.18%，男女比率为 2.8∶1，3—5 岁组幼儿与 6—7 岁组幼儿注意缺陷多动障碍的发生率无明显差异。② 也有研究者采用《精神障碍诊断与统计手册》第五版的诊断标准对 62 名学龄期的幼儿进行诊断，结果显示，男生的发生率高于女生，男女比例为 3.8∶1。③ 注意缺陷多动障碍在年龄上无显著差别，这说明在 3—7 岁时幼儿的行为发展尚未形成质的差异；注意缺陷多动障碍的发生率男孩高于女孩，这可能是因为男孩外化行为表现明显。

三、注意缺陷多动障碍幼儿的观察与识别要点

特别的孩子

注意力难以集中的小戚

小戚，男孩，2020 年 4 月出生，独生子，现就读于某幼儿园中班。家长反映，小戚在家中时刻不得安宁，破坏性极强，注意力不集中，动不动就发脾气。幼儿园老师反映，他经常会受一些无关刺激的影响，注意力分散，打断别人说话，和小朋友发生冲突。具体表现在：上课时，注意力不集中，经常听到坐在小戚旁边的小朋友站起来告状："老师，小戚踢我""老师，小戚抢我东西"等，而小戚却坐在旁边若无其事。午间休息，当其他小朋友都盖好被子准备睡觉的时候，只有小戚一个人

① 童连，史慧静，臧嘉捷．中国 ADHD 流行状况 Meta 分析［J］．中国公共卫生，2013，29(9)：1279-1283.

② 常宪鲁，张燕，王华云．镇江市学龄前儿童注意缺陷障碍流行病学调查［J］．中国健康心理学杂志，2011，19（11）：1350-1352.

③ 黄燕虹，张印南，郑茂春，等．儿童注意缺陷多动障碍社会功能与行为问题的相关研究［J］．现代医学，2016，16（2）：180-183.

会站在床上跳来跳去，还大喊大叫。游戏活动的时候，小戚不仅不能完整地做完一个游戏，而且在游戏的过程中喜欢抢小朋友玩具；找玩具的时候，还会把玩具翻得到处都是。

注意缺陷多动障碍以注意力不集中、多动、冲动和情绪不稳定为主要表现特征，同时还伴有学习困难、运动能力不协调和发展迟缓等现象。注意缺陷多动障碍通常发生于 6 岁之前，主要出现在 2—5 岁，但由于正常幼儿往往也精力旺盛，活泼好动，所以注意缺陷多动障碍多在小学阶段被确诊。此外，由于每个注意缺陷多动障碍幼儿的核心症状和合并症状都存在差异，这种差异给教育康复训练带来较多的难题。如果注意力缺陷障碍没有早发现、早干预，幼儿今后可能会遭受更多的挑战。因此，成人需要掌握观察和识别注意缺陷多动障碍的要点，并针对每个孩子的特点，制订合理的干预计划，开展有效的教育康复训练。

（一）核心症状

注意缺陷、活动过度和任性冲动是注意缺陷多动障碍幼儿的三大核心症状。每个注意缺陷多动障碍幼儿的具体症状表现和严重程度都不相同，并且这些核心症状会随着年龄的增长而变化，如：注意问题因很难得到改善而伴随终身，但活动过度和任性冲动问题会随着年龄增长而逐渐减轻，甚至不明显。

1. 注意缺陷

特别的孩子

注意分散的小雨

“老师，你快看天上刚刚有小鸟飞过”“老师，刚才保安大叔从我们班级门口走过”“老师，刚才园长妈妈站在教室后面看我们”……“小雨，请你集中注意力，把小耳朵竖起来，仔细听老师说的故事，一会儿请你回答问题。”过了一会儿，小雨又说：“老师，外面的天变晴了”“老师，你闻好香啊。”

漫无目的的小多

沙构游戏活动时，老师对小朋友们说：“今天我们要进行一个小比赛，看谁能用沙子搭建一个属于自己的城堡。”老师话音刚落，小朋友们赶紧选择沙构工具搭建自己的城堡。只有小多慢悠悠地走到工具箱旁开始挑选工具，挑选过程中左看看右看看，挑完后，终于开始行动。可是不到5分钟，他就站起来走到琪琪旁边，问："琪琪，你想搭建什么样子的城堡啊？"琪琪说："我喜欢爱莎，我要搭一个和爱莎一模一样的城堡。"问完琪琪，小多又走到宁宁身边问同样的问题，就这样晃到了下课，小朋友们都搭建出了属于自己的城堡，只有小多什么都没有搭。

小雨很容易受外界无关刺激影响，不能认真听讲，一心多用；小多漫无目的，很难坚持做完一件事情。这些表现是注意缺陷多动障碍幼儿的第一个核心症状——注意力缺陷。注意缺陷多动障碍幼儿比同龄正常幼儿更缺乏专注的能力，容易受环境的影响而分心，没有自控能力，做事经常半途而废，其观察和识别的要点主要包括以下几个方面：

（1）注意范围狭窄。在日常学习中，正常幼儿能在同一时间内同时掌握注意的对象和数量。如：关注教师口中说的和手上写的，同时记下教师说的重点内容；做作业时手、眼、大脑协调运动。而注意缺陷多动障碍幼儿注意范围狭窄无法像正常幼儿一样同时完成上述任务。

（2）注意的维持时间短。朱智贤指出2—3岁幼儿能聚精会神注意某一事物的平均时长为10分钟，5—7岁为15分钟，7—10岁为20分钟，10—12岁为25分钟，12岁以上为30分钟，但注意缺陷多动障碍幼儿持续注意的时间和强度不能达到平均水平。

（3）注意的稳定性差。注意缺陷多动障碍的幼儿注意力不集中，经常开小差，上课时对教师的问题一问三不知；所处的环境内只要有一点声响，目光马上就会追随而去，并且再也无法回到当前事情上；做事拖拖拉拉，一会儿玩玩手，一会儿吃点东西，一会儿发呆，一会儿上厕所。

2. 活动过度

特别的孩子

一刻不停的轩轩

语言教学活动课才开始2~3分钟，轩轩就开始挤旁边的兜兜，老师看到后提醒了轩轩，但不到5分钟，轩轩又开始左看看右看看，并且不停地前后摇晃椅子，把椅子晃得咯噔咯噔响，老师走到他旁边，他停止摇晃。过了一会儿，他又不停地咬手指，偶尔还大叫几声，老师担心他影响课堂秩序，只能将他的座位安排到自己身边。

过于活跃的皓皓

音乐课上，小朋友们都安静地坐在椅子上一边听老师弹琴一边学唱歌，只有皓皓一会儿推推旁边的佳佳，一会儿转过身来趴在椅背上，看着后面的主题墙发呆，一会儿跑到老师身边在钢琴上用力敲了几下，钢琴发出一串杂乱的音，小朋友们都大笑起来。老师很生气地拉开皓皓，并且对他说："请你赶快回到位置上坐好。"皓皓边笑边跑回座位，但没一会儿，皓皓又站起来跑到窗户下，拿起柜子上的弹珠玩了起来。

好动与冲动并存的冬冬

户外活动时间，小朋友都在操场上玩小器械，只有冬冬一个人在幼儿园的种植园游荡；集体教学活动时间，小朋友都在认真听老师讲故事，只有冬冬在教室漫无目的地走来走去，一会儿跑进睡觉的房间转圈圈，一会儿跑到卫生间看看保育老师在干什么；区域游戏时，小朋友们玩玩具都是一件玩好放回去再拿第二件，只有冬冬把玩具翻得到处都是；午休时间，其他小朋友都躺下了，唯独冬冬还站在床上，一直不停地跳，一直跳到累了才躺下来。

轩轩和皓皓上课没有片刻的安静，不仅自己没有认真听讲，同时也扰乱了课堂秩序；冬冬做事没有明确的目的，动作杂乱无章、毫无秩序。这些表现是注意缺陷多动障碍幼儿的第二个核心症状——活动过度。

活动过度是指在需要相对安静的环境中，幼儿的行为动作和活动内容比正常幼儿显著增加，尤其是在需要自我约束和遵守秩序的场合活动过度表现得更为突出。注意缺陷多动障碍幼儿从小就显得比较兴奋活跃，不断给家长制造麻烦。因此，活动过度的症状最容易引起家长的注意，同时也是家长带孩子去医院就诊的主要依据。活动过度观察和识别的要点主要包括以下几个方面：

（1）与发育年龄不相符合的活动过度。有很多注意缺陷多动障碍幼儿的母亲回忆孩子在怀孕期间胎动就特别频繁；出生后比其他幼儿表现出更多的活动，手脚不停地乱动、睡眠少等；会走路后常常以跑代走，难有安静的时候；幼儿期常表现出翻箱倒柜、不顾危险、乱冲乱撞，对周围事物探索时更喜欢用脚踢；到了学龄期后，上课不认真听讲，喜欢在座位上扭来扭去、东张西望、随意走动，或者说话大喊，破坏课堂秩序；进入青少年期后活动过多仍是主要问题，但是随着年龄的增长，症状会有所缓解。

（2）多动症状无明显的目的性。动作经常有始无终，而且混乱多变。在课堂上小动作很多，如：玩玩具、招惹旁边的同学、随意离开座位、在桌上或者书上乱写乱画等。在家里也是一会儿玩这个，一会儿玩那个，片刻难安。注意力缺陷多动障碍幼儿做这些事情的时候，完全不知道自己为什么这么做，也不知道这么做带来的结果会是什么，从不顾及别人的感受。

总体来说，注意缺陷多动障碍幼儿的活动过度主要表现在三个方面：第一，跨场合的稳定性，即幼儿的这种行为并非只出现在家里或学校，在任何场合（如：游乐场、电影院、医院等）都会有活动过度、难以安静的表现。第二，跨时间的持续性，即幼儿的这种行为从胎儿期持续到青少年期，甚至持续到成人期，并且这种时间的持续性还表现在一天当中的任何时间段。第三，不能自我克制。大部分注意缺陷多动障碍幼儿无论在任何场合都处于忙碌状态中，而且对于单一的动作和任务不能持久，对于过多的动作幼儿也不能自我克制。

3. 任性冲动

特别的孩子

到处捣乱的亮亮

区域角活动时间，亮亮跑到小厨房拿了一把塑料刀，不经过小美的同意就用刀去切她的西瓜，小美生气地告诉老师，亮亮见状迅速跑开。接着，又跑到美工区看见小石头用超轻黏土做了一座火山，亮亮上去一边切一边说："我的关公刀，切切切。"小石头哭着跑到老师身边说："老师，亮亮把我的火山弄坏了。"亮亮见老师走过来，鞋子不脱就跑到建构区的泡沫垫上躲起来，不管老师怎么叫都不出来。

我行我素的天天

玩具分享日，乐乐拿了一个超级飞侠的玩具。天天很喜欢，但他没有跟乐乐商量，直接就上去抢，乐乐紧紧抓住自己的玩具，天天抢不过来，直接去咬乐乐的手。乐乐松开手哭了起来，天天不管不顾，拿着超级飞侠就跑到教室外玩了起来。排队的时候，天天一定要排在第一个，只见天天又推又挤喊道："我要排第一个。"而此时排第一名的小贝不愿意，天天就直接把他推倒，小贝哭了，天天不仅若无其事，还手舞足蹈地边跳边笑。

爱捉迷藏的子安

做完操回教室后，老师点名时发现子安不见了，于是很着急地到处寻找，最终在存放户外器材的楼梯下找到了。老师很生气地批评子安，可他根本不当回事，很理所当然地说："教室里的玩具我都玩腻了，这里的玩具多，而且我是和老师在玩捉迷藏游戏，老师还找不到，很好玩"。

无论是亮亮、天天还是子安，他们做事情都是随心所欲、不考虑后果的，就算家长和教师给予批评，下一次还会重蹈覆辙。这就是注意缺陷多动障碍幼儿的第三个核心症状——任性冲动。任性冲动是指注意缺陷多动障碍幼儿在情况不明朗、信息不完整的情况下引发的不合理的行为反应。同时，注意缺陷多动障碍幼儿的情绪很不稳定，耐挫力很差，容易生气，发脾气。虽然他们没有攻击性，但是容易行为失控，不容易管教，也很少吸取教训，让家长和教师都十分苦恼。任性冲动的观察和识别的要点主要包括以下几个方面：

（1）冲动具有盲目性、破坏性和不顾后果。注意缺陷多动障碍幼儿在日常活动中，往往都具有冲动的行为特点，他们的行为具有破坏性和危险性的特点。如：喜欢爬高上梯、过马路不看红绿灯，经常横冲直撞、进厨房开火关火，想干什么就干什么，从不考虑有无危险，也不考虑后果；上课过程中，不遵守课堂纪律，教师提问，还没听清楚题目就开始回答，答案基本都是错误的；与他人游戏时，不遵守规则，我行我素；与别人对话时，随意打断别人说话；画画时，发现画错后就撕本子，有时还会用笔在桌面乱涂乱画，表现出明显的破坏性。

（2）情绪冲动，并且难以控制。注意缺陷多动障碍幼儿性子很急，想要什么就要马上得到，得不到就会大吵大闹。他们很容易产生挫败感，情绪波动也很大，与小朋友玩耍过程中，经常因为一点儿小事与小朋友发生冲突，所以很难交到朋友。

（二）合并症状

1. 学习困难

注意力缺陷、活动过度和任性冲动三大核心症状往往会给注意缺陷多动障碍幼儿的学习带来一定的困难。注意缺陷多动障碍幼儿存在视知觉缺陷、思维功能障碍和空间功能障碍等认知功能障碍，如：分不清上下左右、不能分析图形的组合，也不能将图形中各部分合成一体、分不清“6”和“9”、出现倒读文字等现象。其中，视知觉的缺陷则是造成注意缺陷多动障碍幼儿阅读能力差的主要原因。

2. 品行问题

特别的孩子

“以自我为中心”的乐乐

乐乐在小班和中班的时候，经常因为抢小朋友的玩具而咬人和打人。到了大班后，有时候打不过抢不过，他就会趁小朋友不注意偷偷把玩具拿走藏起来。老师见状会引导他和其他小朋友一起玩，每当这时，他都会理直气壮地说：“是我拿到的，就归我玩。”总之，乐乐会想尽各种办法让自己能玩到玩具，有时候也会偷拿某样东西后趁老师不注意逃出教室躲起来玩。老师批评后，他因为不服气和生气把双面胶拉出来绕在两个柜子间、用记号笔在白墙上肆意涂写或者趁老师不注意把玩具里灌满肥皂水再洒到镜子上来发泄自己不满的情绪。

注意缺陷多动障碍幼儿由于行为控制能力差，难以接受约束和控制，容易出现攻击性和违抗性等行为。目前，国内家长和教师对注意缺陷多动障碍的认识和关注度不高，且缺乏与幼儿的有效沟通，经常会用惩罚、斥责和打骂的方式解决问题，从而导致幼儿出现说谎、离家出走、攻击他人、结伙斗殴和故意破坏等行为。注意缺陷多动障碍幼儿这些异常的行为严重违反了社会规范，与正常幼儿的调皮和青少年的叛逆相比更为严重。另外，大量研究结果显示，注意缺陷多动障碍类型中的混合型幼儿不仅存在较严重的品行问题，而且社会功能受损也最为严重。①

3. 社会交往

特别的孩子

想得到关注的涛涛

晨间，小朋友们结伴玩积木。涛涛左看看右看看，没有加入任何组，反而拿着积木打小朋友，小朋友们纷纷来告状，老师上前提醒了涛涛。可是没一会儿，他看到旁边小朋友玩的三角形积木很好玩，抢了就跑出教室，嘴里还喊着："哈哈，是我的了，哈哈"。

注意缺陷多动障碍幼儿由于缺乏冲动控制的能力，往往不善于社交，经常受到同伴排斥。其实很多时候，他们希望得到同伴的喜爱和关注，但是他们不知道该怎么去做，常说一些不合时宜的话或做一些不合时宜的事情。如，与人交往时，他们不能采用适宜的方式解决问题；在游戏活动中，他们希望加入团体活动，希望自己可以表现得很好，但常常事与愿违，不仅会打断别人说话，还会干扰别人，让同伴厌烦。注意缺陷多动障碍幼儿的社会交往问题在小学时期达到顶峰，但是进入青春期后，任何内心的不安都会让他们的社会交往问题变得更加严重。行为问题越严重，其社会生活能力就越差，因此，家庭和学校需要携手共同参与干预，减少问题行为的同时提高幼儿的社会生活能力。

4. 情绪与行为问题

特别的孩子

无法沟通的南南

区域活动时，有小朋友告状：南南多次推倒大家的建构作品。看到老师过来，南南的情绪变得很激动，他开始大哭大闹，并用手指着老师，大声但语无伦次地争辩着什么。老师试图与他沟通，但他表示拒绝

① 连琼霞，王真真，张娟，等．注意缺陷多动障碍不同亚型儿童行为问题和社会生活能力分析［J］．中国临床新医学，2021，14（1）：78-82.

并开始在地上打滚。

爱发脾气的小北

“小北，你去书包里拿一条隔汗巾出来，老师帮你换上。”不一会儿，就传来了小北的哭闹声“破拉链，烂拉链，我再也不要你了”“都是妈妈，非要我背书包”，说完就把书包扔到了垃圾桶里。老师走过去安抚了他，并帮他把拉链拉开拿出了汗巾，但他仍然拒绝把书包放在抽屉里，还偷偷趁老师不注意把书包扔到厕所里。午睡时，他觉得床上太热，开始发脾气，大喊大叫：“我不喜欢幼儿园，总是让我睡觉。”

南南、小北不仅个性急躁，不愿意等待，而且情绪不稳定，容易激动，言辞激烈，有攻击性倾向。注意缺陷多动障碍幼儿通常都是行动先于思考，不经考虑就行动，主要表现在：（1）情绪的稳定性差。注意缺陷多动障碍幼儿有了情绪后，都是随意发泄出来的，容易伤害他人，导致社会交往问题。（2）情绪具有两面性。情绪好的时候，任何事情都好商量，情绪不好的时候，由于其自控力差，总是发脾气，易出现愤怒和攻击性行为。注意缺陷多动障碍幼儿经常因为学习问题、行为问题和情绪问题受家长和教师的批评和责备，久而久之，他们内心自卑，脾气暴躁，甚至出现暴力等不良行为。因此，成人需要为注意缺陷多动障碍幼儿营造良好的生活和学习环境，积极与幼儿沟通交流，给予幼儿关心和鼓励、理解和肯定，尽量营造轻松和谐的生活氛围，多运用正向情感，避免负向情感的暴露，从而促进幼儿身心的健康发展，减少其情绪与行为问题。

5. 神经生理症状

注意缺陷多动障碍幼儿由于大脑皮质功能减弱，不但有精神活动方面的问题，还可能有轻度的神经生理症状，如：精细动作发展缓慢，手眼协调能力差，很难完成写字、投球、扣扣子等任务。部分注意力缺陷多动障碍幼儿还存在明显的睡眠障碍，如：失眠、遗尿、梦游等。

两则干预案例

第三节　孤独症谱系障碍幼儿的教育观察与识别

关键问题

- 什么是孤独症谱系障碍？
- 孤独症谱系障碍幼儿观察与识别的要点有哪些？

孤独症（Autism）最早是由美国医生莱奥·坎纳提出的，他对 11 名孩子（8 名男孩，3 名女孩）进行了长期观察，并在 1943 年发表的《情感交流的自闭症性障碍》一文中明确提出这一概念。“Autism”一词最早源于希腊语“autor”，表示为“自我”，该词描述了孤独症患者的突出兴趣——自我兴趣。坎纳医生在报告中对这 11 名孩子的表现有如下概括：（1）抵触变化，如：每天坚持穿同样的衣服、吃同一种的食物等；（2）不喜欢被干扰，即这些孩子在不被干扰的情况下是最开心的；（3）语言发展异常，如：重复性的语言、误用人称代词、不能清楚地向他人表达自己的意思等；（4）刻板的行为，如：转圈、拍手、晃动身体等。坎纳医生对这 11 名孩子的详细描述，不仅为我们了解和研究自闭症留下了珍贵的参考资料，同时他把这些观察到的现象称为“早期孤独症”，随后这个新名词被纳入医学词典。

在我国，最早提出孤独症这一概念的是我国儿童精神医学之父的陶国泰教授。1982 年，陶教授发表了第一篇有关孤独症的文章，其中描述了 4 例孤独症。陶教授的文章和坎纳医生的文章相差 40 年，在这 40 年中，西方国家普遍认为孤独症在中国是不存在的。而这篇文章不仅证明了孤独症在中国是真实存在的，还发现这些孤独症患者都具备四个标志性特征：（1）社会交流障碍；（2）语言交流障碍；（3）抵触变化，有刻板行为；（4）在幼儿时期出现这些症状。几年后，陶教授发表了另一篇名为《简短报告：中国的婴儿孤独症》的文章，该文章介绍了中国从 1982 年到 1987 年识别的 15 例孤独症幼儿的特征、孤独症的早期筛查与诊断，以及中国的社会与文化背景对孤独症发病率的影响。

一、孤独症谱系障碍的定义

近年来，人们对孤独症的研究和认识进一步深入，美国精神医学学会的《精神障碍诊断与统计手册》第五版，将典型孤独症、阿斯伯格综合征、待分类的其他广泛性发育障碍一并归入孤独症谱系障碍。孤独症谱系障碍，是一种出现于幼儿早期的神经发育障碍，其临床上的核心症状表现为持续性的社交障碍、沟通障碍、兴趣范围狭窄、重复刻板的行为方式、感知觉信息处理障碍。从孤独症到孤独症谱系障碍的变化，一方面说明，孤独症谱系障碍并非单一的发育障碍，有很多发展形态各异的亚型，且严重程度由轻度到重度不等，另一方面说明，孤独症患者在语言、行为和社会性发展上表现各有不同，存在明显的异质性。因此，在原来的诊断标准下，即使是临床医生也很难区分到底是哪种病症，误诊率很高，并且目前仍然没有找到这些病症在生物层面的区分标准。

最近几年，孤独症的发生率在全世界范围内都呈现出逐年递增的趋势，由于其发病原因不明，目前尚无有效的医学治疗方法，终身致残率很高，因此它已成为影响幼儿健康发展的重要公共卫生问题。鉴于此，2007 年，联合国决定自 2008 年起将每年的 4 月 2 日定为世界孤独症日，以进一步引起全社会对孤独症患者的关注和关心。同时，学界也达成了孤独症谱系障碍幼儿的“三早”共识——早期筛查、早期诊断和早期干预。

二、孤独症谱系障碍的发生率

总体来说，全世界孤独症谱系障碍的发生率近几年一直都呈现出不断上升的趋势，其中原因有很多，如：诊断标准的改变、定义范围的扩大、人们对孤独症认识的提高、筛查设备的发展和研究方法学的改变等。

2006 年，我国进行的第二次残疾人抽样调查结果显示，我国 0—6 岁精神残疾发生率为 1‰，其中孤独症谱系障碍占 36.9‰。另有研究对部分省市孤独症谱系障碍进行了调查：2011 年有研究对天津市 7 904 名 1.5—3 岁幼儿进行调查，结果显示孤独症谱系障碍发生率为 2.78‰ [①]；2015 年有研究对山东枣庄

① 苏媛媛，张欣，李爱月，等 . 天津市婴幼儿孤独症患病率与危险因素［J］. 中国妇幼保健，2011，26（32）：5004-5007.

2—6 岁的 8 000 名幼儿进行调查，结果显示孤独症谱系障碍的发生率为 1.48‰，男女比例为 5∶1[①]；2016 年有研究对吉林市 6—11 岁 7 000 余名幼儿进行调查，研究发现孤独症谱系障碍的发生率为 6‰[②]。这些数据反映的只是部分省市的结果，并不代表全国孤独症谱系障碍的整体情况，且由于每次调查存在年龄段差异、样本量差异、诊断标准差异，所以结果差异较大。

三、孤独症谱系障碍幼儿的观察与识别要点

特别的孩子

典型的孤独症谱系障碍的孩子

小天，男孩，2019 年 10 月出生，现就读于某幼儿园中班，被诊断为孤独症谱系障碍。小天在幼儿园很难融入同伴游戏活动，不会与小朋友玩耍，叫其名字没有反应，兴趣单一，几乎没有主动性语言，只有出现自己感兴趣的话题时才会主动表达，但总是自说自话。在课堂上，听不懂老师的指令，无法安坐，常游离在课堂外，或者是自己跑到操场上转圈圈。在生活上，不会自己大小便，必须用自己家里的碗和勺子吃饭，不吃蔬菜，从来不睡午觉。

社交障碍、沟通障碍、兴趣范围狭窄和重复刻板的行为方式、感知觉信息处理障碍是孤独症谱系障碍幼儿的核心症状，也是孤独症谱系障碍临床诊断标准。然而，100 个孤独症谱系障碍幼儿 100 个样，每个孤独症谱系障碍患者的具体障碍特点和严重程度都各不相同。

（一）核心症状

孤独症谱系障碍的核心症状对其学习能力以及行为问题有着重要的影响，因此，要教育和帮助孤独症谱系障碍幼儿，首先需要了解其核心症状具体是什么，该如何进行观察和识别，只有这样才能帮助他们，不让他们错过早期筛

① 王光霞，李霞，方鲁阳，等. 枣庄市 2—6 岁儿童孤独症谱系障碍的现况调查及相关因素分析［J］. 中国儿童保健杂志，2015，23（12）：1322-1325.

② 田金来，王丽英，张向葵. 公立小学儿童孤独症谱系障碍患病率及其影响因素［J］. 中国临床心理学杂志，2016，24（2）：277-281.

查、早期诊断和早期干预的机会。

1. 社交障碍

特别的孩子

难以出现互动性社交的明明

明明是幼儿园大班的孩子，虽然在这个班他已生活两年多了，可就是没有一个朋友，平常他也总是一个人玩。一天，小朋友都在户外开心地滑滑梯，珊珊想和明明一起玩，就热情地叫着他的名字，但明明理也不理，自顾自地绕着大型玩具转圈，珊珊跑过去拉他的小手，明明开心地笑笑，但很快躲开珊珊继续转圈。

存在情感认知障碍的小杰

一天早晨，璐璐不小心从轮胎上摔了下来，她疼得哭了起来。小伙伴们看到了，有的给她递上餐巾纸，有的拉着她的手安慰她，还有的跑到保健医生那儿去拿创可贴。只有小杰，看到璐璐哭了，反而激动地笑着，还跑过来拍打着璐璐，小伙伴们看到都很生气。

明明没有与小朋友互动的意识，更不知道怎么与小朋友互动；小杰不能理解别人的感受，看到小朋友哭了，自己却在笑。这些表现都是孤独症谱系障碍幼儿的核心障碍——社交障碍，其观察和识别的要点主要包括以下几个方面。

（1）缺乏目光对视。在与他人的对话过程中，他们往往习惯于把目光放在周围其他物品上，而不是看着正与他对话的伙伴。

（2）缺乏互动式的沟通。他们大多不知道要如何开启与他人的对话或者互动，往往也不知道该如何结束，即使发起了互动维持时间也较短。另外，他们与他人之间的互动往往是以自我为中心的单向沟通，而不是分享式的双向沟通。

（3）没有与人交往的兴趣，缺乏共同注意的能力。他们喜欢一个人独处，相对于人而言，更喜欢物，一些孤独症谱系障碍幼儿虽然喜欢与人互动，但兴趣往往是希望获得他人的注意。他们不能与他人共同注意周围发生的事情，如：东西掉下来了、某某人来了等。

（4）不能根据他人给出的非语言信息做出反应。非语言信息包括面部表情、手势、身体语言，眼神接触、语气和语调等。理解他人的非语言信息并通过相关线索表达自己的意愿和想法，是社会交往过程中必不可少的部分。但是大多数孤独症谱系障碍幼儿在识别和理解非语言信息方面存在困难。

（5）忽视环境信息，如：去海边玩（应该准备泳衣和玩具）、上舞蹈课（应该准备舞蹈服）、安静的场合（应该小声说话）等。

（6）不明白不同场合的社交规则或礼仪。他们缺乏基本的社会常识，不理解也无法遵守基本的社会交往规则。对于已知的规则，他们会刻板地遵守，而不会泛化，因此在不熟悉的场合常常出现一些不符合社交礼仪的行为，并且他们很难管理自己的情绪和行为，也无法理解他人的想法、意图和行为，如朋友伤心时，孤独症谱系障碍幼儿很难理解伤心的原因，也很少去安慰朋友。

2. 沟通障碍

特别的孩子

不会用语言来描述情绪的晨晨

晨晨在幼儿园有自己特别喜欢玩的玩具——黄色小汽车，每天他一来幼儿园，就会拿着这辆黄色小汽车在地板上开来开去，嘴上还念念有词。一天早上，他到班级后，发现那辆黄色小汽车不见了，原来是被其他小朋友放到了他们建构好的“停车场”了。晨晨看到了，生气地一把推倒“停车场”，一边用力踩着积木，一边大喊大叫，吓坏了旁边的小朋友。后来老师将那辆黄色小汽车还给他，他才稍稍平复了情绪。

语言是人与人进行沟通交流的手段之一，而晨晨不能通过语言很好地向别人表达自己的需求，也不能很好地管理自己的情绪。大多数孤独症谱系障碍幼儿在语言交流方面存在障碍，有的孩子有口语能力，能表达自己简单的需求，但是却不理解别人的话；有的孩子能够认字、阅读文章，但是却不明白文字的意思和文章的内容；有的孩子在说话的时候可能缺乏语音、语调的变化和面部表情；有的孩子对语言的理解往往只停留在字面意思，常使用刻板重复的语言；有的孩子在与别人交流的过程中，只关注自己喜欢的话题，完全不在意别人的反应。沟通障碍观察和识别的要点主要包括以下几个方面。

（1）幼儿无法表达自己的需求，如：想参与活动，但是却不知道怎么和小朋友说。

（2）幼儿无法表达身体的感受，如：累了，渴了。同时也无法描述环境中让他们觉得不舒服的事情，如：不喜欢超市的广播。

（3）幼儿不明白指令也不会提抽象的要求，如：我想坐在哥哥姐姐中间。

（4）幼儿无法用语言来描述自己的情绪，如：我很生气。

（5）幼儿无法对自己的行为或想法进行描述，如：今天我身体不舒服，不想去上幼儿园。

（6）幼儿不会与他人进行讨价还价、不能维持对他人的注意力、常常误解别人的意思。

3. 兴趣范围狭窄和重复刻板的行为方式

特别的孩子

对电风扇感兴趣的田田

开学前，老师到田田家里家访，看到田田一直在摆弄着家里的电风扇，当爸爸妈妈叫田田过来与老师打招呼时，他都没有反应，依旧对电风扇很感兴趣。开学第一天，当妈妈离开后，田田情绪很差，哭着躺在地上，老师想抱他都抱不起来，可当他看到保健室的立式电风扇时，就立刻被吸引住了，一直安静地看着电风扇很久。

重复按开关的冬冬

冬冬对教室里的开关特别感兴趣，经常会去按灯的开关，看到电灯一暗一亮觉得很好玩。夏天的时候，教室会开空调，他经常会跑到空调机前一直重复按开机或者关机。

田田对电风扇有兴趣、冬冬对开关感兴趣，这些都是孤独症谱系障碍幼儿在行为方式上表现出的特点，其观察和辨别的要点主要包括以下几个方面。

（1）兴趣范围狭窄，即对某些物件有不同寻常的兴趣，如：玩车子只玩车轮、喜欢看电风扇、喜欢挖洞等。

（2）重复刻板的行为，如：反复转圈、摇晃、反复地按开关、反复地听同一首歌、敲打、来回奔跑等。

（3）特别依恋某件东西，如：毛绒玩具、某件自己喜欢的衣服等。

（4）强迫性行为和思维，如：坚持走同一路线、重复问同样的问题，说同样的话、坚持吃同样的食物等。

4. 感知觉信息处理障碍

人都是通过感知觉系统来认知世界的，可以说人的全身都布满了信息接收器，大多时候这些信息都是自动处理的，不需要经过思考。但是研究发现，大多数孤独症谱系障碍幼儿存在感知觉信息处理方面的障碍，一些感官显得过度敏感，而一些感官又不够敏感，并且无法同时处理所有的感官刺激信息。

特别的孩子

手上喜欢把玩物品的星星

星星在幼儿园的时候，手里总喜欢拿着一样东西，刚开始是一块正方形的小积木，后来喜欢听音乐以后，他会拿着蓝牙小音响。有一天，他看到是爷爷、奶奶来接他，就非常生气，还将一直拿在手上的小音响扔到地上，结果小音响摔坏了。第二天，他又拿着无线鼠标来到幼儿园。

喜欢大音量的柚柚

柚柚喜欢声音大的音乐，教室的电脑连着一台音响，有时候在教室里做早操时，他会把音响调到最大声。有时候在户外做早操时，他喜欢跑到喇叭下面，跟着音乐摆动身体的时候，柚柚会笑得很开心。

保持跑来跑去的路路

路路在教室里很少有安静的时候，非常喜欢在教室或者操场上转圈跑来跑去。后来和路路的妈妈交流，他妈妈说路路在家里也是一样，很喜欢从一个房间跑到另一个房间，一刻不能停。

星星喜欢手里一直把玩一样东西、柚柚喜欢声音很大的音乐、路路时刻保持活动状态，都说明孤独症谱系障碍幼儿在感知觉信息处理上存在问题。孤独症谱系障碍幼儿感知觉信息处理障碍分为感觉系统低敏和感觉系统过敏。感觉系统低敏是指孤独症谱系障碍幼儿感受或意识不到正常水平的感官刺激，他们需要更大的刺激来激发神经系统（如：始终处于晃动身体的状态）；感觉系统过敏是指神经系统对于某些感官刺激过度敏感，即使很小的刺激也会让孩子感到很难受（如：踮脚走路、不能忍受噪声）。孤独症谱系障碍幼儿感知觉信息处理障碍的观察和辨别的要点主要包括以下几个方面。

（1）听觉方面。过敏表现为不喜欢上公共厕所、经常捂耳朵、经常通过哼哼来抵挡外界声音；低敏表现为喜欢敲敲打打、喜欢热闹的场所、喜欢大声地听歌。

（2）触觉方面。过敏表现为不喜欢被别人碰触、不喜欢穿新衣服，对温度或者疼痛过度敏感；低敏表现为对温度或者疼痛没有反应、手上喜欢抓一样东西，行为粗暴。

（3）视觉方面。过敏表现为喜欢关灯、不喜欢阳光，避免目光对视；低敏表现为喜欢不停地开关灯、喜欢旋转的物体。

（4）味觉方面。过敏表现为只喜欢吃同一牌子的食物、不喜欢口味重的食物，挑食；低敏表现为喜欢尝试新的食物、喜欢口味重的食物。

（5）嗅觉方面。过敏表现为不喜欢闻有味道的东西；低敏表现为喜欢味道重的东西、喜欢闻东西、喜欢特别香的地方等。

（二）合并症状

1. 动作问题

特别的孩子

冬冬的奇怪步伐

在晨间入园时段，冬冬在妈妈的牵拉下，步态僵硬地走来。冬冬行走的时候整条腿显得有些僵直，行走过程中膝盖部位不能很灵活自如地弯曲，整个人显得僵硬，走动过程中通常是拖移步伐，并伴有身体的左右摇摆。

冬冬走路时通常是拖和移动步伐，显得僵硬和不协调，这就是孤独症谱系障碍幼儿在粗大动作上表现出的常态，如：动作笨拙不协调、姿势和步态较为奇怪；在手部灵活性和平衡技能上存在缺陷；肌张力低下，并且在姿势稳定性、关节柔软度较差，移动速度较慢。

2. 情绪问题

特别的孩子

爱发脾气的豆豆

在吃点心环节，老师将饼干和牛奶递到豆豆手里，还温柔地说道：“豆豆，我们吃点心喽。”刚刚还好好的豆豆看了一眼点心，立马伸出手把点心重重地打在地上，饼干摔碎了，牛奶倒在了地上，豆豆还使劲儿用脚踩倒在地上的牛奶。豆豆这是怎么了？为什么突然大发脾气？原来是老师给他点心的时候，没有选择他喜欢的那个口味。

有很多孤独症谱系障碍幼儿会表现出哭、尖叫、发脾气等情绪行为，有很多时候甚至出现攻击、破坏和自伤行为，这些行为可能与其存在社交沟通障碍以及不能表达需求有关，但大多数孤独症谱系障碍幼儿情绪稳定，性格温顺安静。

3. 排泄和睡眠问题

特别的孩子

脱光光如厕的小乐

每到上厕所的时候，小乐总是要把外裤、内裤、鞋子和袜子统统脱下，然后才肯如厕，而且如厕过程中如果有任何东西粘在身上，都会特别敏感，一定要先洗干净。而且小乐只在家里如厕，别的任何地方的厕所都不行。

半夜醒来哭闹不止的小玲

小玲在晚上睡觉的时候，会半夜突然醒来，而且哭闹不止，有时候还会又蹦又跳，哭闹的时间基本上要持续1～2小时，大人无论怎么安抚都没有用，晚上睡觉的过程中也会有说梦话和梦游现象。

小乐一定要脱光衣服如厕并且只在家里排便；小玲在夜晚睡觉的过程中经常会出现较长时间的哭闹、说梦话等行为，这些都是孤独症谱系障碍幼儿在排泄和睡眠上存在的问题。有些孤独症谱系障碍幼儿存在排泄上的困难，表现为只在固定场所排便或是使用固定方式排便，因此，他们有便秘和遗尿的现象。孤独症谱系障碍幼儿有较高的睡眠障碍患病率，表现为睡眠时间少，入睡困难，夜惊

干预案例：存在社交困难的小宇

夜啼等。睡眠障碍对幼儿次日的情绪和注意力都有着不良的影响。

第四节　攻击性行为问题幼儿的教育观察与识别

关键问题

- 什么是攻击性行为？
- 攻击性行为问题幼儿观察与识别的要点有哪些？

攻击性行为是幼儿较为常见的不良行为，最早出现于婴幼儿的社会化进程中。若幼儿期没有进行有效的干预，那么这种早期的攻击性行为便会成为日后行为失调的雏形，延续至青少年期乃至成年期，严重阻碍其认知、社会性、人格的发展，极易出现社交困难、暴力倾向等负面影响。① 有研究表明，幼儿8岁前的攻击性行为可以有效地预测他们成年后的攻击性行为，70%的青少年暴力罪犯在幼儿期就存在攻击性行为。② 因此，教师、家长对于3—6岁幼儿表现出来的早期攻击性行为应予以重视和关注，尽早进行预防、引导和教育。

一、攻击性行为的定义

攻击性行为是一种他人不愿接受、出于故意或工具性目的，并形成伤害的一种社会性行为。这种伤害行为可能是直接的身体伤害、语言伤害，也可能是权利的侵犯或间接的心理伤害。③④⑤

幼儿的攻击性行为一般表现为口头伤人、推人、抓人、打人、咬人、踢人、冲撞他人、威胁、毁坏、破坏、抢夺等方式。

---

① 罗秋英. 学前儿童心理学［M］. 2版. 上海：复旦大学出版社，2020：216.

② 陈昌凯，徐琴美. 3—6岁幼儿对攻击性行为的认知评价分析［J］. 心理发展与教育，2003（1）：5-8.

③ 周念丽. 学前儿童心理健康与教育［M］. 北京：中国人民大学出版社，2019：51.

④ 陈姝娟. 学前儿童心理学［M］. 郑州：郑州大学出版社，2015：203.

⑤ 吴媛媛，苏倩. 学前心理学［M］. 重庆：重庆大学出版社，2021：98.

二、攻击性行为的分类

幼儿攻击性行为是一种复杂的行为表现，包含各种形式的伤害和破坏行为。幼儿的攻击性行为可分为身体攻击、语言攻击和关系攻击。

身体攻击多出现在小班阶段，幼儿缺少同伴交往的经验与技巧，在个人需求得不到满足时，容易以打、推、撞等方式进行身体动作上的攻击。到了中、大班，身体攻击会逐渐减少，嘲笑、讽刺、起绰号、谩骂等语言攻击在人际冲突中越来越多。关系攻击可进一步划分为直接的关系攻击和间接的关系攻击，直接的关系攻击是指幼儿通过“你不是我的好朋友”“你不可以跟我们一起玩”等方式威胁他人，间接的关系攻击则是通过散布关于其他幼儿的流言蜚语来进行伤害。男生比女生更多使用身体攻击，随着年龄的增长，女生比男生更多地使用关系攻击。[①]

根据攻击性行为的目的不同，幼儿的攻击性行为可分为工具性攻击和敌意性攻击。工具性攻击是以物为指向的。幼儿通常为了争夺玩具、活动材料、活动空间等而发生争抢、破坏等行为。例如，安安和恒恒为了争抢积木而推来推去，结果安安的头部受伤了，这个过程中他们仅仅是想要得到玩具，不是故意要伤害对方。随着幼儿逐渐学会轮流、分享、合作等社交技能，工具性攻击会逐渐减少，敌意性攻击逐渐增多。敌意性攻击是以人为指向的，是为满足内心需求而有意对他人造成伤害，或者从他人的痛苦中获得愉悦感的攻击性行为。幼儿在没有安全感或者认为他人可能企图破坏他正在进行的事情时，他们常常会采取敌意性攻击来表现自己的强大，[②] 比如故意向不喜欢自己的同伴说难听的话，或在被他人无意伤害时，以打骂、破坏物品等方式进行报复。

三、攻击性行为问题的观察与识别要点

教师可以通过攻击性行为发生的范围、类型、起因等方面进行观察与识别（表 6-4-1）。教师可采用写“正”字的方式计数，初步整理统计后，分析幼儿发生攻击性行为的特点，从而进行针对性地引导。

---

① 赵欢欢，张和云，王福兴，等 . 儿童依恋、移情与攻击性行为的关系［J］. 心理研究，2012，5（3）：34-39.

② 徐群 . 学前儿童心理健康指导［M］. 北京：北京师范大学出版社，2015：226.

表 6-4-1　幼儿攻击性行为观察记录表

幼儿姓名：　　　　性别：　　　　年龄：

所在班级：　　　　观察日期：　　　　观察教师：

活动背景	攻击范围		攻击类型					攻击起因								发生频次合计
	同伴	教师	身体攻击	语言攻击	关系攻击	工具性攻击	敌意性攻击	物品所有权	争夺空间	帮助同伴	违反规则	无故欺负	报复反击	引起关注	其他	
集体活动																
区域游戏																
户外游戏																
过渡环节																
生活活动																

（一）工具性攻击

特别的孩子

这是我的！

区域游戏时，球球拿着一筐积木在玩，这时琦琦走了过来，拿起了筐里的积木，只见球球马上抱住积木筐并说“这是我的！你不能拿，你走开！”，边说边把琦琦推倒在地。

打人的卡卡

卡卡和妙妙在娃娃家玩，他们同时看上了一个玩具。在卡卡伸手去拿的时候，妙妙先他一步拿走了玩具。卡卡停顿了几秒钟，二话不说就冲上去抢回玩具，见妙妙不松手，卡卡直接往妙妙胸口打了一拳，抢回玩具。

咬人的豆豆

豆豆刚上几天幼儿园，就攻击了好几个小朋友，同伴拿了他想要的东西，他不会说“还给我”而是张口就咬，小朋友在他前面走他也不会说“让开”，而是一把把别人推开。

“以自我为中心”是3—6岁幼儿的发展特点，想要什么东西，幼儿就会马上提出或直接占有，这也是该时期工具性攻击现象频繁的主要原因。球球、卡卡、豆豆都是小班幼儿，他们的物权意识仍然非常强烈，在抢夺物品时，他们的眼里只有玩具，只想将物品占为已有，并不会考虑其他人的想法与感受。同时，他们的动作行为先于语言表达，由于语言表达能力不足，所以他们用最原始的本能来解决问题，通过推人、打人、咬人等身体攻击的方式来维护自己的利益。因此，教师可以从两方面入手进行引导。

（1）引导分享，淡化自我中心。幼儿以自我为中心是特点不是缺点，但由此会出现为了自己的利益去侵犯他人利益的情况。教师与家长可引导幼儿与小朋友进行交换、轮换、分享，并对幼儿的分享行为给予肯定与鼓励，幼儿在体验分享带来的快乐中逐渐淡化自我中心。

（2）学会表达，习得沟通技能。鼓励幼儿用语言来表达自己的需求，向教师、小朋友说“请让一下”“我可以和你一起玩吗？”“可以借我玩一下吗？”“我还想玩，请你等一下”等具体的语言交流方式，还可以通过情境游戏进行练习巩固，帮助幼儿学会基本的语言表达与交流。

案例

好玩的听诊器

中班新创设了“小医院”角色扮演区域，一堆幼儿挤在狭小的空间里玩，“医院”里的两个听诊器尤其受小朋友的喜爱，不管医生、护士还是病人都抢着要听诊器，为此出现了数次推、打行为。

我想要排第一

每次去户外活动，幼儿们总是争抢着要站在第一个，觉得排在第一个特别光荣，为此幼儿之间常常发生推搡、打闹、骂人的行为。

因为空间或材料的不足，引发争抢玩具、座位等现象在幼儿园是比较常见的。教师可以通过贴脚印、挂区域牌等方式限制区域游戏的人数，或通过适当调整扩大区域的范围，合理安排教室环境，提供充足的玩具或材料，避免幼儿因材料不足而引发攻击性行为。

同时，教师可引导幼儿通过轮流玩玩具、按学号排顺序、用沙漏定时间等方式参与游戏，从而减少攻击性行为。此外，过渡环节、生活活动等情境下，受空间拥挤、消极等待等因素影响，幼儿间也比较容易产生冲突，因此教师需要建立一日常规，与幼儿共同商讨班级公约，并引导幼儿自觉遵守。

（二）敌意性攻击

特别的孩子

我想跟他们玩

户外游戏时，小朋友们在三三两两地玩沙包。小可抢过沙包就一顿乱扔，一会儿打到小朋友的脸上，一会儿打到小朋友的头上，一会儿又打到了小朋友的眼睛上，看到被打中的小朋友哭了，小可并不理会还哈哈大笑后走开。老师走到小可身边，再三询问后，小可低下头，小声地说：“我只是想跟他们玩。”

我只是想帮她

美术活动时，燕燕跑来告诉老师：“小斌把我的作品剪破了，还打我！”经过老师了解，小斌说：“我喜欢燕燕，我只是想帮她剪成两半，她不让我碰，我有点生气，就打了她。”小斌常常在被同伴误解后，无法控制自己的情绪，最后发生攻击性行为。

据了解，小可和小斌是两位大班幼儿，他们因为以往有较多的攻击性行为而不受班级幼儿的欢迎，很少有小朋友愿意和他们一起玩，敌意性攻击行为背后的“潜台词”是希望引起他人的关注，渴望与同伴游戏、帮助同伴，但不恰当的交往方式却伤害了他人，孤立了自己，致使攻击性行为循环往复。对于这类儿童，教师应注意以下方面：

（1）以“尊重、接纳”的态度与幼儿交往。教师应耐心倾听幼儿的真实想法，避免给幼儿贴标签，用关心和爱改善师幼关系，帮助其减少攻击性行为。

（2）为幼儿创设温暖、包容的心理氛围。教师在引导幼儿学会正确表达自己的需求，掌握基本的交往技能的基础上，可以请幼儿作小帮手、小老师，或者观察与其相处相对融洽的同伴，在做游戏、安排座位时给予他们充分交往的机会，并尝试帮助他们与1～2位幼儿建立起稳定的同伴关系。幼儿的交往意愿得以满足，正向的交往方式得以强化，攻击性行为便会减少。

特别的孩子

随时“爆炸”的聪聪

老师正带着小朋友们进行音乐游戏，当所有小朋友按游戏规则蹲下时，聪聪突然高兴地跳了起来，“哈哈哈，我就是不蹲下”，旁边小朋友提醒他，聪聪大声对他喊道：“你再说，我就打死你！”老师走到聪聪身边，聪聪朝着老师拳打脚踢。

老师反映，聪聪从小班到大班，很喜欢捉弄女孩子，无缘无故欺负别人，他还特别开心，对老师、同伴充满敌意，就像一个随时会爆炸的“炸弹”。

咬人的欢欢

午餐时，悦悦、浩浩、欢欢一起就餐，悦悦说“比赛谁先吃光”，浩浩说“欢欢肯定比我们慢”。欢欢跺着脚，大声说道：“我不跟你们比！”浩浩接着说：“你比不过我们，才不跟我们比，你昨天都没有吃光。”欢欢听了，生气地咬住了浩浩的手。

疯狂的安安

晨间入园，安安看到同班幼儿轩轩拿了汽车玩具，转头对奶奶说："奶奶，今天是玩具分享日，我忘记带消防车了。"奶奶说等下要赶着去医院，晚点给他送过来，没想到安安对奶奶拳打脚踢，还在地上疯狂地打滚，老师上前制止了安安，安安虽然停止了身体动作，但嘴里一直嘀咕着："不去给我拿，我就打你，谁让你忘记的！"老师反映，安安的父母离异，爸爸看到安安打人就拿拖鞋、扫把打安安，奶奶和妈妈非常迁就安安，稍不如意，安安就会打奶奶和妈妈。安安在幼儿园里也习惯通过打人、骂人来解决问题。

聪聪、欢欢、安安的行为都属于较为明显的敌意性攻击。聪聪有意用语言伤害、捉弄同伴来获得愉悦感；欢欢通过咬人来报复同伴；安安通过身体、语言攻击来宣泄自己的负面情绪。面对幼儿的敌意性攻击，教师可从以下两方面入手：

（1）引导幼儿合理宣泄情绪。敌意性攻击是幼儿宣泄情绪的一种不恰当的方式。教师可为幼儿安排更多户外活动的时间，通过奔跑、在空地上投掷沙包等方式消耗过剩的精力、释放消极情绪，也可引导幼儿通过数数、捏减压球等方式学习控制情绪。

（2）家园携手共育。案例中几位幼儿的敌意性攻击背后隐藏着强烈的不安全感，这与不良的亲子关系、不和谐的家庭氛围有着密切联系。教师应充分了解幼儿的家庭背景，引导家长通过真诚倾听、亲子游戏、亲子阅读等方法逐渐修复亲子关系，从而减少幼儿的敌意性攻击。

干预案例：出现攻击性行为的乐乐

思考题

一、名词解释

注意缺陷多动障碍；孤独症谱系障碍；攻击性行为

二、简答题

1. 言语问题和语言问题有什么区别？
2. 语言问题幼儿观察与识别的要点主要有哪些？
3. 针对攻击性行为问题幼儿的教学策略有哪些？

三、案例分析题

案例一：自贝贝入园小班以来，每天都有孩子哭着来向老师“告状”：游戏时，他因为抢玩具抓小朋友的头发；喝水时，他拿着水杯敲打前面小朋友的头；集体活动时，他想跟小雨一起坐，直接把旁边的小逸推倒……老师每次教育贝贝，贝贝都说“对不起”，认错态度极好，但攻击性行为却有增无减。贝贝家长觉得孩子还小，对此也并不上心。

如果你是贝贝的老师，你会怎么做？

案例二：闹闹，男孩，2016 年 7 月出生，现就读于某幼儿园大班，2021 年 9 月被医院诊断为注意缺陷多动障碍。家长反映，闹闹在家中片刻不得安宁，破坏性极强，注意力不集中，动不动就发脾气。幼儿园老师反映，他经常会被一些无关刺激影响，注意力分散；经常打断别人的话；经常和小朋友发生冲突。具体表现在：上课时，注意力不集中，经常听到坐在闹闹旁边的小朋友告状“老师，闹闹踢我”“老师，闹闹抢我东西”等，而闹闹却坐在旁边若无其事。午间休息，当其他小朋友都盖好被子准备睡觉的时候，只有闹闹一个人会站在床上跳来跳去，还大喊大叫。游戏活动的时候，闹闹不仅不能完整地做完一个游戏，而且在游戏的过程中喜欢抢小朋友玩具，找玩具的时候，会把玩具翻得到处都是。

根据以上材料，为闹闹设计一份教育干预方案以帮助闹闹融入幼儿园一日活动。

案例三：越越，男，2016 年 4 月出生，现就读于某幼儿园中班，2019 年 12 月被医院诊断为孤独症谱系障碍。在幼儿园，越越没有朋友，总是一个人玩，也喜欢一个人玩，玩玩具的方法也很简单，如：玩车子的时候只是喜欢玩轮子；很少有安静的时候，非常喜欢在教室或者操场上转圈跑来跑去，一刻不能停；越越的语言发展水平明显落后于同龄小朋友，平时在说话过程中，词汇不丰富，说出的句子都较为简单；他很难融入集体活动，只能听懂简单的指令，常游离在课堂外。

第六章答案

如果你是越越的老师，你会怎么干预？

第七章
家园合作共促幼儿心理健康

学习目标

1. 了解家园互动的任务和原则。
2. 掌握家园互动的方法。
3. 了解亲子关系评估的方法。
4. 明确创设良好家庭心理环境的策略。

思维导图

- 家园合作共促幼儿心理健康
  - 家园互动的态度
    - 明确家园互动的目的
    - 明晰家园互动的任务
      - 建立平等互信的家园关系
      - 指导家长开展科学的小班健康教育
      - 引导家长积极参与并支持幼儿园的工作
    - 掌握家园互动的原则
      - 教师是家园互动的引领者
      - 尊重接纳原则
      - 分享互助原则
      - 彼此看见原则
  - 家园互动的方法
    - 线下家园互动的方法
      - 家长约谈
      - 入户指导
      - 家长互助团
    - 线上家园互动的方法
      - 新生成长日志
      - 线上“教育诊所”
    - 家园冲突处理
      - 用心倾听
      - 真诚表达
  - 亲子关系的评估
    - 亲子关系的内涵
    - 亲子关系对幼儿的影响
      - 对幼儿认知发展
      - 对幼儿社会化发展
      - 对幼儿人格发展
    - 亲子关系评估的方法
      - 家长觉察表
      - 家庭团体沙盘
    - 亲子关系评估的注意事项
  - 家庭心理环境的创设
    - 家庭心理环境的内涵
    - 家庭心理环境对幼儿的影响
      - 充满冲突的家庭心理环境，影响幼儿的安全感和归属感
      - 缺少规则意识的家庭心理环境，影响幼儿的社会交往
      - 缺少支持的家庭心理环境，影响幼儿能力的提升和对自我的认知
      - 溺爱的隔代教养环境，影响幼儿的积极情绪
    - 创设家庭心理环境的原则
      - 健康为先的原则
      - 温暖、有爱的原则
      - 悦纳、支持的原则
      - 独立、融合的原则
    - 创设良好家庭心理环境的策略
      - 亲密有间的家庭环境，为成长预留空间
      - 积极倾听，营造温暖的精神氛围
      - 父母共同参与，做幼儿成长的安全港湾
      - 宽严得当，引导幼儿解决问题
      - 随机而教，做幼儿的表率

第一节 家园互动的态度

关键问题

- 什么是家园互动？
- 家园互动的目的是什么？
- 家园互动的任务是什么？
- 开展家园互动要遵循的原则是什么？

幼儿的健康成长需要社会、家庭和幼儿园的共同努力，而家庭和幼儿园对幼儿心理健康发展的影响尤为深刻。家庭和幼儿园要相互合作，通过家园互动共同促进幼儿的心理健康。

所谓家园互动，就是家庭和幼儿园都把自己当作促进幼儿发展的主体，双方积极主动地相互了解、相互配合、相互支持，通过家庭以及幼儿园的互动，共同促进儿童的身心发展。[①] 有效的家园互动能够让家庭和幼儿园形成教育合力，更好地开展幼儿心理健康教育，而家庭和幼儿园的互动态度影响着家园互动的质量。因此，家园双方首先要明确家园互动的目的，明晰家园互动的任务，掌握家园互动的原则。

一、明确家园互动的目的

家园双方自觉、自愿的合作互动行为，其关键是双方有共同的目标。《幼儿园教育指导纲要（试行）》指出：“幼儿园应与家庭、社区密切合作，与小学相互衔接，综合利用各种教育资源，共同为幼儿的发展创造良好的条件。”“家庭是幼儿园重要的合作伙伴。应本着尊重、平等、合作的原则，争取家长的理解、支持和主动参与，并积极支持、帮助家长提高教育能力。”由此可见，家园互动是以促进幼儿发展为核心的家园合作共育行为，家园互动的目的就是促

---

① 李生兰．幼儿园与家庭、社区合作共育的研究［M］．修订版．上海：华东师范大学出版社，2013：12.

进幼儿的健康成长。

明确这一目的，不仅能激发教师家园互动的积极性，同时也使教师对家园互动中出现的问题有更清晰的判断。当孩子在幼儿园出现心理健康问题时，教师不仅要主动与家长沟通，了解孩子的问题症结所在，还要通过多种方式引导、支持家长。

案例：分离焦虑的团团

小一班的团团妈妈最近经常迟接团团。看到团团流着泪趴在窗前张望的情境，王老师很心疼，她想与妈妈沟通一下，但同时又担心这样的沟通会不会让团团妈妈觉得老师太计较，会不会影响正在建立的家园关系。后来想了想，王老师还是与团团妈妈进行了真诚的沟通，因为她担心妈妈的迟接会加重团团的分离焦虑，长此以往，也会影响孩子心理健康。听了老师的担忧，妈妈也意识到自己的行为可能带给孩子的影响，之后就开始按时接团团了。

明确家园互动的目的，家长也能积极主动地与教师沟通，主动参与幼儿园组织的活动。在互动过程中，家长既不会因为要取悦教师而支持教师工作，也不会再把幼儿园的事情当作是“额外”的任务，甚至能主动发起一些活动，来促进幼儿的心理健康成长。

案例：假日小组

中二班的老师计划这学期重点培养幼儿的交往能力。家长会后，几个家长一商量，成立了班级“假日小组”，每周六由一位家长组织活动。一学期实践下来，班级“假日小组”不仅丰富了幼儿双休日的生活，同时也拓展了幼儿的交往空间，让家长既真切了解自己孩子与同伴交往的情况，又能在真实的情境中对孩子的交往能力进行引导，与此同时，还增进了孩子之间、亲子之间、家长之间的情感，因此受到了家长和孩子的一致好评。

二、明晰家园互动的任务

家园互动的任务，包括建立平等互信的家园关系、指导家长开展科学的心理健康教育、引导家长积极参与并支持幼儿园的工作。家园合作能整合家园双方的教育资源，形成“1+1>2”的教育效果。

（一）建立平等互信的家园关系

家园互动的首要任务就是建立平等互信的家园关系。因为家园关系，不仅影响班级氛围、幼儿的集体生活，还影响幼儿教育的成效。

案例：家长的不信任

小二班的明明有明显的入园焦虑，每次来幼儿园，明明都大哭不止，一回家就闹着明天不去幼儿园。遇到这样的情况，奶奶就会问：是不是你经常哭，老师说不喜欢你了？明明点点头。爸爸也会问：是不是幼儿园有小朋友欺负你呀？明明又点点头。明明妈妈和老师沟通了这件事，老师说没有看到小朋友欺负明明，而且班上三位老师都理解和接纳孩子的入园焦虑，正在想方设法让孩子感受到老师对他的呵护和关爱，以帮助明明与老师建立新的依恋。但明明妈妈总是半信半疑，放心不下。明明的入园焦虑也持续了大半学期。

幼儿将幼儿园这个新环境视为“心理安全基地”是非常重要的，而家园之间的信赖关系，在很大程度上会影响幼儿“心理安全基地”的建立。案例中的明明，虽然年龄小，但高度敏感，家人的不信任给了明明一种消极的暗示，这样更不利于他与教师建立新的依恋关系，所以他的入园适应期就变得如此漫长。因此，幼儿园要及时反馈幼儿在园的情况，尤其是孩子的进步与成长，这样家长才更容易看到教师的用心与专业，而家长也要充分相信教师的师德水平和专业水平，多与教师沟通，以此来建立平等互信的家园关系。只有建立良好的家园关系，才能让家园产生“心往一处想，劲往一处使”的联动反应，让幼儿在良好的家园关系中健康成长。

（二）指导家长开展科学的心理健康教育

家庭是幼儿心理发展的重要影响因素，良好的家庭环境和家庭教育是幼儿心理健康发展的重要条件和保证。如果家长有较高的家庭教育素养、正确的育儿观、科学的教育方法，同时做到言传身教，就有助于促进幼儿的心理健康发展。但如果家长本身的心理健康水平和教育素养水平不高，或者自身的教育方法不当，就有可能对幼儿心理健康发展产生消极的影响。因此教师需要通过有效的家园互动，帮助家长树立正确的健康观和教育观，提高他们的育儿水平，促进幼儿的健康成长。

案例：语言滞后的朵朵

开学第一周，小二班的朵朵妈妈就急着来找老师咨询。三岁的朵朵语言发展远远滞后于同年龄段的孩子，她一般用动作与人交流，至今常说的几个词就是“嗯”“妈妈”“婆婆”。针对这个情况，朵朵妈妈以前不怎么放在心上，因为带朵朵去医院检查过生理器官都正常，朵朵外婆常说妈妈也是两岁后才开口学说话，现在照样“伶牙俐齿”，何况朵朵能听懂大人说的话。如今朵朵妈妈参加新生家长会，听老师说2~3岁是口语发展关键期，错过关键期就会比较麻烦，再看班上其他孩子的语言表达都很好，因此就着急起来。

老师详细了解了朵朵家的教养环境及教养方式，建议朵朵妈妈：一是要明白每个孩子的发展存在差异，对朵朵的成长要有耐心；二是因为朵朵是新生，家长要与老师多沟通，以帮助老师尽快读懂朵朵的“特殊语言”，便于孩子尽早与老师建立新的依恋关系；三是家庭成员尽量用普通话与朵朵交流，目前奶奶说温州话，保姆说衢州话，国外留学归来的爸爸、妈妈说普通话，偶尔还夹杂着英语交流，这样复杂的语言环境让年幼的朵朵无所适从；四是当朵朵用动作表达需求时，家人不要立刻去满足她的需求，尽量让她用语言来表达，平常与她交流也要使用普通话，并鼓励朵朵模仿重复；五是爸爸妈妈平常要多抽出时间陪伴朵朵，多带她去户外，让她用感官充分感受周围世界，丰富她的生活经验，让她“有话可说，有话愿说”。

对于老师的建议，朵朵的妈妈觉得非常有道理，并表示会积极尝试。

在案例中，教师通过了解朵朵家的教养环境及教养方式，帮助家长分析朵朵语言发展滞后可能存在的原因，比如家庭语言环境过于复杂、家长过于呵护，导致朵朵缺乏“说话”动机、语言刺激等，并据此提出解决问题的方法，让家长知道如何开展科学的心理健康教育。

（三）引导家长积极参与并支持幼儿园的工作

家长丰富的人生经历和工作背景是幼儿园开展心理健康教育的宝贵资源。教师要积极引导家长参与幼儿园组织的活动，充分利用家长资源使幼儿更好地发展。

比如，可以请家长参与幼儿的身心健康的观察评价，尤其是幼儿心理健康的评价，因为幼儿的心理健康相对内隐，家长在教养过程中更容易一对一地跟踪观察和评价，同时还可以通过日常生活有针对性地开展心理健康教育。

家长的积极参与、主动配合与支持，不仅可以避免产生教育的“斥力”，同时还会大大拓展幼儿园的教育资源，丰富幼儿的生活体验，更好地促进幼儿的健康成长。

案例：老爸俱乐部

针对家庭教育中爸爸参与过少的现象，杭州某幼儿园成立了老爸俱乐部，希望通过一月一次的活动让爸爸带孩子一起去户外徒步走、爬山、野外探索等，让爸爸学会高质量地陪伴幼儿，培养幼儿独立、自信、勇敢的良好心理品质。活动得到了爸爸们的大力支持。在老师们的精心策划下，爸爸们纷纷放下工作，远离手机和电脑，积极带领孩子参加活动。孩子在园的三年时间里，爸爸们带领孩子走遍了西湖，访问了杭州城内所有的博物馆，爬遍了城区所有的山，参加了很多运动量大的户外游戏，如射箭、骑马、野外寻宝、水枪大战等。这些活动不仅让爸爸有大量时间陪伴孩子，同时也大大拓展了幼儿园的教育资源空间。

老爸俱乐部的活动，不仅弥补了爸爸在家庭教育中缺位的现象，也让参与活动的幼儿多了一群阳光的爸爸老师，让幼儿心理健康教育的舞台从家庭、幼儿园走向了更广阔的空间，更好地整合了教育资源，形成了教育合力。

三、掌握家园互动的原则

有效的家园互动不仅需要明确家园互动的目的、明晰家园互动的任务，同时也要遵循家园互动的原则。

聚焦“教师作为家园互动的先行组织者”的案例

（一）教师是家园互动的引领者

在家园互动过程中，教师要发挥引领者的作用，不仅要通过多种方式对幼儿开展心理健康教育，同时也要积极地向家长分享幼儿心理健康教育的理念、方法，主动地与家长沟通和交流幼儿出现的心理问题，提出科学专业的建议。家长养育幼儿，往往没有教师那样专业，家长不了解该阶段幼儿的普遍发展现象，不知道自己的孩子需要特别关注的地方。何况，有时幼儿的心理健康问题根源于家庭，却表现在幼儿园。教师要用自己的专业知识为家长提供支持，向家长反馈幼儿成长的相关信息，并提出相应的教育评价和建议，同时能针对家长提出的幼儿发展中的问题，给出教育建议或方案。

（二）尊重接纳原则

虽然家园互动是为了幼儿的健康发展，但是双方有时对幼儿发展的理解会存在差异。一方面，教师要通过沟通和交流，尽可能与家长达成共识，以形成教育合力。另一方面，教师也要尊重和接纳家长对幼儿发展的理解，正如丽莲·凯兹所言：每个家庭有权为自己的孩子建立标准，教师应察觉并尊重每个家庭的标准，即使教师并不赞同此标准，也不应表示出轻视的态度或加以诋毁，教师可以做的是协助孩子习得一些幼儿园的标准，以保证他得到更好发展。[①]

案例：难以互动的成成妈妈

这段时间，小一班的沈老师很苦恼，原来，她发现班上成成小朋友入园三个月来，几乎不与其他小朋友一起玩，也不主动与老师交流。于是沈老师想与家长好好交流一下，可每次与成成妈妈谈到这个话题时，成成妈妈就会表示她小时候也很内向，也经常一个人玩，成成像她，应该没有问题。

沈老师对成成难以出现互动交往行为感到担忧，而成成妈妈认为幼儿不

① 凯兹．与幼儿教师对话［M］．廖凤瑞，译．南京：南京师范大学出版社，2004：6.

交往只是性格内向而已。然而，教师要意识到心理健康教育本身是一项非常复杂的活动，很难有人能够穷尽其规律，真正了解其本质。何况在教育实践中，无论是教师还是家长，往往都会有自己的教育取向和教育“前见”。因此，在家园互动过程中，教师和家长不仅要互相倾听，还要尊重和接纳双方对幼儿发展的理解以及所坚守的教育理念。教师要秉承“改变可以改变的，接纳无法改变的”家园互动态度，既不以僵化、苛刻的态度要求家长，也不因差异而放弃积极主动的互动，更不因差异而使家园关系遭到破坏。

（三）分享互助原则

幼儿园与家庭在分享互助时，双方既要各司其职、互相支持，又要根据幼儿心理健康教育的需要，互相分享各自的教育资源，给彼此提供适时、适切的帮助和支持。

案例：家园的故事书

明明是发育迟缓的孩子，尤其是语言能力滞后于同龄幼儿。因此每次自主游戏时，班上就有一位“专属”于他的老师，他会向老师介绍由爸爸、妈妈精心准备的贴有照片的家庭生活故事书；傍晚回家时，老师也将他在幼儿园的生活做成故事书，让他带回家讲给爸爸妈妈听，以此来提高他的语言表达能力。

在本案例中，教师有了家长提供的“家庭生活故事书”，让明明有了更多“有话能说，有话愿说”的表达机会，而家长有了教师对明明一对一的支持，以及明明的幼儿园生活故事书，不仅清楚明明每天在幼儿园做了什么，还对明明的心理健康干预和教育有了信心和干预的方法。

（四）彼此看见原则

在家园互动的过程中，教师要看到家长的不易，尤其是有心理健康问题的幼儿家庭。因为这些家长往往需要比其他家长多付出几倍甚至数十倍的努力，而且这些家长常常有一种无助和无力感。教师的“看见”和理解，不仅能让家长获得实质性的教育支持，而且也能减轻家长的焦虑。当然，家长也要看到和理解教师的努力，尤其是有特殊儿童随班就读的班级，教师既要关照班上所有的孩子，又要给特殊儿童个别化支持。

案例：彼此看见，互相支持

患有孤独症谱系障碍的乐乐小朋友今年新插班到中二班，并由妈妈陪读。老师发现妈妈对新环境有很强的焦虑感，她特别担心其他小朋友会歧视乐乐。于是老师站在乐乐妈妈的角度，去理解和共情乐乐妈妈的焦虑情绪，并利用放学后的时间沟通乐乐的进步，来缓解乐乐妈妈的焦虑。同时为了帮助乐乐适应新环境，班级开了新朋友欢迎会，教师还陪乐乐体验了班里的各种区角、辨认了自己的衣柜物品等。发现乐乐喜欢画画后，老师每天让乐乐在集体前展示作品，乐乐很快就被班级孩子们接纳与认同了。妈妈在陪读的过程中，慢慢参与班级的管理，和老师一起为孩子们准备活动材料，在带乐乐同时，还帮助老师照顾其他孩子的安全。

家园互动是一个双向互动的过程，如果互动中的家长和教师能彼此看见、互相支持，那就能形成一个良性互动。案例中的中二班教师和乐乐妈妈通过彼此“看见”，如今成为亲密的合作伙伴。

第二节　家园互动的方法

关键问题

- 线下家园互动有哪些方法？
- 线上家园互动有哪些方法？
- 处理家园冲突要注意什么？
- 家园互动的有哪些原则？

目前，家园互动的方法有很多，从互动的范围来分，有幼儿园层面的家园互动，如家长学校；有班级教师与全班家长的互动，如家长会；有班级教师与个别家长的互动，如沟通新生情况。从互动的内容来分，有指导家长提高家庭教育水平的家园互动，如入户指导；有以家长参与、支持幼儿园活动为主的互动，如老爸俱乐部。从互动的形式来分，有线下面对面的家园互动，如家长约谈；有线上的家园互动，如教育诊所；有时教师还要解决家园冲突。

基于幼儿心理健康教育的需要，教师可以灵活选择以下几种家园互动方法。

一、线下家园互动的方法

线下面对面的互动，更容易让家园建立情感的联结、彼此信赖的家园关系。因此，只要教师和家长双方在时间和精力上允许，则尽可能选择面对面互动的方法，如家长约谈、入户指导、家长互助团等。

（一）家长约谈

家长约谈是指教师与家长基于幼儿的情况，约定时间和地点进行谈话的方式，家长约谈可以由教师发起，也可以由家长发起。

案例：落后的圆圆

小班的圆圆在幼儿园几乎不参加游戏，即使老师引导、陪伴圆圆做一些跑、跳、钻、爬的游戏，圆圆的大动作也远远落后班里同龄的小朋友。而且入园至今，圆圆还没有与小朋友、老师主动有过交流，老师问圆圆问题，需要问三四遍，她才会回复，且没有眼睛的对视，老师也没有看到她脸上有过高兴、难过等表情。这种情况，老师在家访时爸爸、妈妈没有说起过，所以老师想约圆圆的爸爸、妈妈到幼儿园来沟通一下，并为这次约谈做了充分的准备。

1. 开展家长约谈的意义

家长约谈是预约式的交流和互动，因此双方都要有充分的准备，这使得家园互动方法更有计划性、针对性和实效性。

聚焦“家长约谈”的案例

2. 开展家长约谈的注意事项

（1）无论是教师发起的约谈，还是家长发起的约谈，教师都需要为约谈做好充分的准备。

一是收集班上几位教师观察到的幼儿在园的信息，同时根据语言发展、运动能力、情绪表达、社会性发展等方面进行归类，并整理成文档。整理时，最好图文结合，甚至有一些短视频辅助，这样更能直观地反馈信息。

二是与家长预约时间、地点，同时要让家长知道交流的内容，以便家长做好充分的准备。

三是要清楚本次家长约谈的目标：是希望通过约谈进一步获得幼儿的信息，以了解出现问题的原因，还是为更好地制订个别化支持方案提供依据，或者是希望家长为此引起重视，能带幼儿去医院做进一步的检查。在上述的案例中，教师希望通过约谈，让家长对圆圆的发展现状能够有足够的重视，最好能带圆圆去专业医院做进一步检查，或者允许特殊教育的专家进班对她进行观察。只有心中有比较清晰的目标，才能在约谈过程中不偏离谈话方向。

四是把握谈话的进程。教师可以先借助整理的文档，交流幼儿在园的客观信息；再请家长补充幼儿的相关信息；接着根据这些信息，教师表达自己的感受以及初步的识别，并听听家长对此的感受和理解；最后对问题达成共识，共同讨论下一步教育方案。如果教师对幼儿问题的识别以及下一步支持方案没有把握，要先向更有经验的教师或者特殊教育专家进行请教，以便给予家长更专业的建议。

（2）在约谈过程中，教师需要注意以下方面。

一是在正式约谈的过程中，班上教师最好都能参加，这会让家长感受到约谈的重要性。

二是要尽可能向家长描述幼儿的具体行为表现，而不是说模糊抽象的概念，更不能随意给幼儿贴上标签，如您的幼儿会不会是多动症，会不会是孤独症等。即使教师心中有这样的预判，也建议这样表达：我看到您的孩子有这样的行为表现，而这些行为表现在其他同龄幼儿身上不常见，因此我有些担心，爸爸、妈妈是否可以带幼儿去医院看看，这样我们大家都会放心一些。

三是在约谈过程中，教师真诚地表达自己的感受很重要，如“我们有些担心”“我们有些着急”。这些的表达会让家长和教师间建立起情感的联结。

四是约谈后要注意与家长持续地保持交流与沟通，同时根据幼儿的发展现状，不断调整和完善教育方案。

（二）入户指导

入户指导是指教师到幼儿的家庭，指导家长更好地开展幼儿心理健康教育的一种家园互动方法。

案例：情绪不稳定的乐宝

开学已有两个多月了，小一班乐宝的情绪不仅没有稳定，甚至还出现焦虑泛化的现象，只要爸爸、妈妈在家一提幼儿园，乐宝就大哭，散步时往幼儿园的方向一走，乐宝就赖在地上怎么也不肯迈开第二步，这也让身为高校教师的爸爸、妈妈束手无策。

针对这个现象，班上两位老师认为主要有两方面的因素：一是乐宝爸爸、妈妈对孩子期待过高。从家访中老师就了解到，一直以来乐宝爸爸、妈妈就对自己的孩子期望很高，对孩子的要求也很多，而不管这些要求是否符合孩子。把孩子送进幼儿园后，他们首先就希望乐宝能叫出班上小朋友的名字，希望他马上能交到朋友。当乐宝达不到期望时，爸爸、妈妈就会非常焦虑，乐宝也随之变得很焦虑。二是乐宝一直以来都缺乏与同伴交往的经验。乐宝爸爸、妈妈是都是外地人，加上平时高校工作很忙，他们很少带孩子出去玩，而且家附近也没有可以一起玩的孩子。所以乐宝也不知道怎么与其他孩子玩，也不会与其他孩子玩。

老师从平常与家长的交流中感受到，单纯给乐宝的爸爸、妈妈建议不一定能得到他们的认同，因此决定带上一些乐宝喜欢的玩具——夹子，去乐宝家中开展一些游戏活动（摘“豆角”），进行入户指导。这样一方面让孩子与老师建立依恋关系，另一方面让乐宝的爸爸、妈妈能真切地体验到目标要合理，同时要有科学的教育方法和过程。

教师五次的入户指导明显取得了成效，通过观看教师的游戏指导过程，乐宝的爸爸、妈妈感慨万分：和教师相比，我们太急躁，要求也太高。而且和孩子玩的过程中，只看到孩子做得不好的地方，总是否认孩子，看不到孩子的进步，没有及时肯定孩子的进步；日常对乐宝出现的问题总是快速反应，直接给孩子答案，没有留出时间让孩子自己去应对问题；没有根据孩子的现状进行积极的引导。同时家长也表示，以后要多带孩子出去玩，让孩子有更多机会与同伴交往。

（1）入户指导这种家园互动方式，看似在“指导”幼儿，其实是在指导家长，帮助家长解决家庭教育过程中的困惑，改变其不良的教育观念，提供正确的教育方法和策略。因此，在入户指导前，教师首先要清楚家长具体的困惑或存在的问题，并基于这些困惑或问题，来设计相应的活动。

（2）入户的指导活动要适合家长模仿和操作，所需的材料应尽可能是日常生活中常见的。如上面乐宝案例中，教师带乐宝玩的是摘“豆角”游戏，也就是教师在自己身上长满“豆角”（夹上夹子），让宝宝追着教师来摘，每摘到一只，教师就及时肯定宝宝，后来教师慢慢让“豆角”长高，但乐宝依然能跳起来摘到。这个游戏不仅乐宝特别喜欢，平时爸爸、妈妈也可以很轻松地带着乐宝玩。

（3）在开展入户指导过程中，要尽可能向家长阐明自己的活动意图，如在摘“豆角”游戏中，为什么开始要将夹子夹在下面，然后再慢慢夹到上面，是因为要先让幼儿获得成功的体验，再慢慢提高要求。另外，及时肯定会让幼儿有更多积极的体验，会更有自信。家长通过活动意识到目标不能太高，同时要及时看到与肯定幼儿的进步。

（三）家长互助团

家长互助团是教师运用团体心理咨询方法，为家长提供指导的一种家园互动方法。也就是在教师的组织下，家长们相互交流、分享和探讨，通过观察、学习、体验，来调整、改善与幼儿的关系，以提升家长教育能力的一种互动方式。

案例：接纳孩子的情绪

放学的时候，大二班的玲玲一边走一边对妈妈说：“妈妈，我和西西约好了，今天去她家里玩。”妈妈说：“今天我们要去游泳啊，不能去她家。”“可是我都约好了！”玲玲嘟着嘴。妈妈说：“明天去吧，上次游泳老师说了，除了生病不能请假。”玲玲说：“可西西明天下午也有兴趣班！”妈妈看玲玲还坚持，就生气了：“你这孩子这么大了怎么还不懂事？”玲玲很委屈地在教室门口哭了起来。

这时，小哲妈妈走了过来，对玲玲妈妈说：“现在的孩子怎么都是臭脾气，一不如意，就发脾气，我家小哲也是这样，自己选择要学钢琴的，才弹了两个月，昨天跟我说不想弹了，他要痛痛快快到小区玩一玩，我不答应，他居然又哭又闹的，气得他爸狠狠地揍了他一顿。”

听到门口家长的对话，班主任橙子老师若有所思。于是她在家长群就“目前在家庭教育中让您觉得最困扰是什么”做了问卷调查，果然，有七八位家长都提及孩子有“臭脾气”，对于孩子发脾气，打骂心疼，不打骂又不管用，自己不知道如何处理。

因此，橙子老师将这几位家长组织起来，开展了连续三周每周一次的“接纳情绪”家长互助团。第一次通过观看电影《垂直极限》片段，家长认识到情绪没有好坏之分，通过孩子的“臭脾气”，我们可以了解孩子需求是否得到满足。第二次共同讨论接纳情绪的方法，并希望家长回家后能尝试应用。第三次则分享家长实践后的感受，同时对三次的互助活动进行复盘。

1. 开展家长互助团的意义

持续跟进的家长互助团能解决以往教师讲、家长听的单向互动方式，解决针对性不强、家长间缺少互动、教师缺少后续的跟进指导的问题。在家长互助团中，每位家长会进行充分的交流和体验，家长在团队互助中感悟、体验，并改变和改善教育行为。

案例中的小哲妈妈在参加“接纳情绪”的家长互助团后，开玩笑地对玲玲妈妈说：“原来不是我们孩子有‘臭脾气’，实在是我们太不懂接纳幼儿的情绪了。”玲玲妈妈连连点头说：“是呀，也真神奇呢，这周三早上，玲玲因为想穿新裙子而发脾气，我说‘你今天想穿上这条新裙子给好朋友们看看，可今天天气实在太冷了，穿裙子估计会感冒，真的好遗憾！如果是妈妈，妈妈也会觉得遗憾呢。’她居然没有像以前那样不依不饶，而是选择穿别的暖和的衣服去幼儿园了。看来我们真的要学习橙子老师分享的方法，接纳、理解幼儿的情绪。”

2. 开展家长互助团的注意事项

（1）在组织互动团前，教师要通过问卷调查、访谈等方式来调查家长的需求，获取当下家长迫切需要解决的“中心话题”。

（2）收集能引发家长共鸣并能有效解决问题的资源。资源的形式多种多样，视频、游戏、绘本、案例等都是非常好的内容。在上述案例中，橙子老师选取了《垂直极限》的电影片段，影片中强烈的情绪变化很容易感染人，进而引发了家长的热烈讨论，让家长明白原来情绪是一个人对外界刺激自然而然的反应，这比教师单纯的分享效果会好很多。

（3）家长互助团要鼓励家长相互分享、自我体验，因此创建安全、接纳的团队氛围非常重要。教师可以通过“坦诚交流”“相互尊重”“守时守信”等约定，明确家长互助团的规则，并期望家长们共同遵守，以确保活动持续开展。

（4）在家长互助团活动过程中，教师要引导家长在支持的氛围下，经历体验分享、转变观念、行动实施、反思再分享的循环过程。因此，教师一是要注意每次活动之间的联系；二是要在每次活动结束时留实践作业，以便下一次活动开始时回顾讨论实践情况；三是要善于提炼家长分享的观点，同时也要把握好互助团的讨论主题。

（5）在活动结束时，家长互助团可以进行复盘。家长回顾活动中最深刻的一个情境、最满意的一次表达、最喜欢的一段分享，以此来整理本次活动所得。

二、线上家园互动的方法

线上家园互动的优势是方便、及时，不受地域、时间等影响，因此这类互动方式常常受到“上班族”家长的欢迎。线上互动的方式也有不少，比如新生成长日志、班级“教育诊所”等。

（一）新生成长日志

新生成长日志，是新生入园的第一个月，教师和家长共同记录和分享幼儿成长经历的家园互动方式。教师每天将幼儿在园的情绪，吃、喝、午睡、如厕情况，参与的活动，每天的进步等情况记录下来，分享给家长。家长也可将幼儿在家的情况进行记录，让教师也能清楚这一天幼儿回家后的表现。

案例：焦虑的妈妈

婷婷马上要上小班了，妈妈既高兴又担心，她担心婷婷在幼儿园吃不好、睡不好，担心婷婷哭了老师没有看见，担心其他小朋友欺负婷婷等，她没法进到幼儿园，所以她觉得自己很焦虑。

好在上了幼儿园后，老师每天会在钉钉里记录婷婷在幼儿园的情况，让妈妈慢慢地放下心来。今天老师记录的一段话，让婷婷妈妈特别感动，老师说："入园三天的婷婷表现挺好的，她对幼儿园的一切充满了好奇，会透过门上的小洞看小一班的小朋友，今天每个游戏活动她都积极参加了，在老师讲故事的时候，她还回答了老师的问题，而且今天她还自己吃完中饭，不让生活老师喂她，很棒哦！"

婷婷妈妈连忙也在钉钉上记录下婷婷在家里跟外婆说的话："外婆，我都上幼儿园了，我长大了，我不能再让外婆喂饭了。"记录完，妈妈开心地对婷婷爸爸说："我现在每天最期待的就是看老师发来的成长日志了。"

1. 开展新生成长日志的意义

新生入园，不仅幼儿有分离焦虑，其实家长也有焦虑，有的甚至比幼儿更甚，而家长的焦虑情绪也会影响幼儿的入园适应情况。通过新生成长日志这种线上互动的方式，一方面家长能看见教师对幼儿身心发展状况给予的持续的、个性化的关注与支持，使教师与家长尽快建立彼此信赖、互相合作的家园关系；另一方面家长能放松心情，以缓解幼儿的入园焦虑，尽快适应幼儿园的生活。

2. 开展新生成长日志的注意事项

（1）因为要记录每一个幼儿的情况，所以班上三位教师可以事先进行分工，每位教师重点观察和记录几位小朋友，同时借助一些工具帮忙观察和记录，如手机录音、拍照、摄像等。

（2）记录成长日志要客观，不能为了让家长放心只记录幼儿表现好的地方或没有观察到的行为。如果发现幼儿有特殊的表现，如有刻板行为、缺乏目光对视、没有与人交往的兴趣和缺乏共同注意的能力等，更要如实记录在日志中，以便引起家长的重视，及时进行干预和治疗。

（3）新生成长日志中，除了记录幼儿表现外，教师也可以向家长提出建议。比如，针对婷婷吃饭问题，可以建议家长适时放手，相信幼儿能够做好。当然，对于家长在日志中表达的困惑，教师要尽可能给予专业的支持和解惑。

（4）每天记录新生成长日志往往会花去教师很长的时间，所以一般只有第一个月记录新生成长日志。在以后的日子里，则通过幼儿个性化的电子成长册进行家园互动，主要记录幼儿里程碑事件，以这样的方式来共同支持、见证幼儿的身心健康发展状况。

（二）线上“教育诊所”

线上“教育诊所”，是教师为解决家长教育困惑而创设的一种线上互动方法，当家长有家教上的困惑时，将困惑发在“教育诊所”平台上，教师和有相关经验的家长可提供解决问题的方案。

案例：啃指甲的小朋友

那天，龙妈在“教育诊所”上向大家求助，说最近一段时间，她发现儿子在家老是啃指甲，提醒了会放下来，可一不注意又会将手指放进嘴里，有一次她狠狠地将儿子的手从嘴里拍打下来，儿子委屈地哭了，说：“我又不是自己要啃的，我也不知道自己为什么总是要去啃它。”她想问问其他家长有没有办法。

看到龙妈的求助帖，好多家长都跟帖留言。帅妈说她儿子大班上学期时也咬过手指，那时老师还说小帅在幼儿园里也忧心忡忡，还常常表达如果自己不好好努力，就上不了好的小学，所以帅妈后来再也没有在小帅面前说这样的话，而且还停了两个课外补习班，多带儿子去小区做运动，后来，小帅咬手指的现象就再也没有出现过。灵妈也说：她同事的孩子也啃指甲，最近咨询了相关的专家，专家建议她同事去查一下孩子是否缺少微量元素，如果不缺则要关注孩子心理上是否有不安、焦虑或恐惧情绪。老师也给了龙妈一些建议，让她不要看见孩子一咬指甲就批评，给孩子负强化，平常可以多安排一些好玩的游戏活动，来转移孩子的注意力。后来，老师在幼儿园里就很少看到他有啃指甲的现象。

1. 开展“教育诊所”的意义

创设网上的“教育诊所”，可以引发教师与家长、家长与家长之间的多元互动，获得多种看待问题的视角以及解决问题的方法。龙妈听了大家的建议，反思：是不是因为自己担心龙龙上小学会跟不上，无意中将自己的焦虑情绪传递给了龙龙？是不是自己对儿子啃指甲这事太较真、太敏感了，始终盯着儿子的手，反而让龙龙很有压力？是不是儿子缺少微量元素？尽管目前她还不知道明确的原因，但她觉得自己没有像最初那样担心了，而且也有了解决问题的方向。网上“教育诊所”同时也给有相同困扰的家长提供了一种思路、一份支持。对于教师而言，家长分享的鲜活经验也是非常有价值的教育资源，能丰富和拓宽教师的教育视野，帮助教师更好地支持幼儿的健康成长。

2. 开展教育诊所的注意事项

（1）确定专人管理。“教育诊所”这种家园互动方式，虽然可以不受地域、时间等限制，但平常也需要专人进行管理。管理人员最好是教师，当然也可以请家长轮流担任。管理人员需要调查家长的困惑，找到核心话题，引发家长围绕话题开展讨论，这样可以避免“教育诊所”因无人参与而流于形式，同时也避免家长“跑题”。

（2）设置固定时间。虽然家长和教师可以随时在“教育诊所”留言，但最好有几个相对固定的时间进行交流与分享，便于聚集人气，比如一周中哪一天中午作为教育诊所的“求医问诊日”，大家在那个时间段有困惑说困惑，有策略说策略，其余时间段进行补充。

（3）做好话题引导。“教育诊所”交流的话题尽可能与教育幼儿有关，从家长当前遇到的问题入手，教师或管理人员要引导家长不随意评议幼儿、不随意给幼儿贴标签，尤其是别人家的孩子。

在日常幼儿园实践中，家园间互动方式还有很多，每一种互动方式的选择与应用关键在于“有效”，也就是既能通过互动与家长建立良好的家园关系，共享双方的教育资源，同时又能满足不同家长的需求，切实帮助家长解决教育幼儿过程中出现的心理健康问题。

三、家园冲突处理

聚焦家园冲突处理的案例

有一种特殊的家园互动，是让教师觉得为难甚至觉得艰难但又不得不面对的互动，那就是家园冲突处理。然而，面对冲突，只要方法得当，不仅不会影响家园间的关系，还能促进家园双方加深了解和理解，有进一步的情感联结。处理家园冲突教师首先要用心倾听家长，再进行真诚表达。

（一）用心倾听

用心倾听，就是教师不仅要听到家长说了什么，更重要的是能听懂家长的情绪与感受，能体会家长情绪背后的需求。下面以案例“小西磕破嘴了”为例来说明教师的用心倾听。

案例：小西磕破嘴了

案例背景：小西是个发育迟缓的中班孩子，他的认知能力和语言能力比同龄孩子弱，运动能力相对好一些，因此平常三位老师会特别留意照顾和支持他。元旦前一天，幼儿园组织迎新年游园活动，三位老师都有任务，想到活动范围都在一楼，因此老师让小西和班上一位最能干的女孩小灵结伴游园。游园过程中，老师看到小灵一直很负责地带着小西，小西也很开心地东逛西逛。结束时，老师还组织班上小朋友在牛年吉祥物前合影，小西站在最后面，笑得特别开心。

活动结束，中午家长将孩子接回了家。看着小朋友已接完，班上三位老师正想坐下来吃饭，小西妈妈打来电话，说小西的嘴磕破了，现在肿起来了，问老师是怎么回事，而且还问老师为什么接孩子时没有与她交流这件事。三位老师回想了一下，还翻出那张合照，都没有看出小西磕破嘴，于是如实地说：“真的不知道小西磕破嘴了，也不知道他什么时候磕破的。”听到这儿，小西妈妈非常生气地说：“我将孩子送到幼儿园，不求他能学到什么，最起码你们要保障他的安全，现在你们连他怎么磕破嘴的都不知道，这让我如何放心？”说完气冲冲地撂下了电话。

三位老师连忙放下饭盒，去查看监控，才发现游园时小灵带小西回过一次在二楼的教室，在楼梯中间小西摔了一下，但他马上在小灵的搀扶下站了起来，也没有哭。看过监控后，主班朱老师和小夏老师一起来到小西家，既看望小西，同时也处理这次的家园冲突。

小西妈妈：你们看看，嘴都肿成这个样子了，医生看的时候还问我们是怎么磕破的，要不要打破伤风针，我说老师也不知道，医生说，怎么有这么不负责任的老师。

朱老师：嗯，摔成这样，您一定很心疼（妈妈的感受），更何况问我们的时候，我们还说不知道小西怎么磕破的，所以，您除了心疼，一定也有很多担心（继续表达对她感受的理解），担心小西在幼儿园能否得到很好的照顾。

小西妈妈：是呀，你看，就是因为我问儿子他也不会说，所以我就更担心了。为了这个儿子，我还辞了好好的工作照顾他，就希望他平平安安，结果累死累活，还是这儿受伤那儿受伤的，等一会他爸要是看到，一定又要唠叨了。

朱老师：嗯，妈妈平常照顾小西真的很辛苦（妈妈的感受），小西还不太会表达，所以您要比其他家长付出更多的努力来照顾他。您也担心小西爸爸因为儿子受伤而责怪您（继续表达对小西妈妈的理解）。

小西妈妈情绪缓和了些：他爸爸也不容易，我辞职后，全靠他一个人养家，小西每周还要去参加个训，费用也不便宜，所以爸爸经常要揽活，经常要加班，难免会有些脾气。

朱老师：爸爸、妈妈都很努力，就是希望小西能有更好的发展，所以妈妈也希望我们老师也能给予小西更多的照顾（表达对妈妈情绪背后需求的理解）。

小西妈妈有点不好意思地说：不过，说实在的，你们也不容易，你们要管三十几个孩子，我一个人管小西，有时还手忙脚乱呢。朱老师、夏老师，今天我一急，说话不知轻重，你们别放在心上。

1. 用心倾听的意义

在与家长的冲突处理中，教师要先倾听家长，接纳家长的情绪，可以让家长感受到自己是被理解的。因为家长处在某种情绪中，他们很难静下心来理解教师的表达，也很难理解教师。

在上述案例中，两位老师用心倾听，看见了家长的不易，让家长的情绪得到缓和。因此，在冲突处理的过程中，学会用心倾听比学会表达更为重要。而且当教师将注意力放在倾听家长的感受与需求时，教师能进一步理解家长。

2. 用心倾听时的注意事项

一是要专心聆听家长表达，不立刻反驳，更不急于推脱责任。同时要让家长感受到教师愿意花时间倾听他的表达。

二是在倾听后，可以向家长反馈自己的理解，如“摔成这样，您一定很心疼……”等。

三是处理冲突时，教师能听懂家长在表达时的感受和需求很重要。当然，如果教师一下子体会不到，也可以询问家长：这件事是不是让您觉得特别难受和委屈……我理解，您是因为……而感到……，是吗？

（二）真诚表达

冲突处理的过程中，除了用心倾听，教师也要进行真诚表达。所谓真诚表达，就是教师真诚地向家长表达自己观察到的情况、自己的真实感受、自己的真实需求、自己接下来的计划等，也就是“我”的信息。下面再以“小西磕破嘴了”为例。

案例：小西磕破嘴了

朱老师等小西妈妈情绪缓和了，便说：妈妈电话过后，我们查了监控，发现游戏中途小灵带小西回过一次教室，在上楼梯时，小西磕了一下。刚才也问了小灵，小灵说小西要上厕所，他不喜欢一楼的厕所，所以带他去了二楼，小西磕的时候没有哭，小灵也没有看到他嘴破，所以没有告诉老师。我们在监控里看到情况也是这样（我观察到的情况）。

小西妈妈：哦，原来这样。小西摔倒磕碰，确实不太会哭，也不会说疼，要很疼才会哭。

朱老师：小西磕成这样，我们也很心疼（我的真实感受）。

朱老师想了想，又说：刚才听到医生这么评价我们，我们心里也觉得有些委屈（我的真实感受）。

小西妈妈连连说：不好意思，也怪我没有跟医生解释清楚。

朱老师：没关系，最主要我们之间要多沟通，多相互理解（我的真实需求），刚才妈妈不仅不怪我们，还说我们要管三十几个孩子也不容易，这让我们很感动。

朱老师：接下来对于小西，我们想……（表达我接下来的计划）妈妈觉得怎么样？

小西妈妈：真是太好了！小西能遇到你们这么好的老师，真是我们的幸运。

1. 真诚表达的意义

在冲突处理的互动过程中，教师表达“我”的信息，往往更容易得到家长的理解和尊重。在上述案例中，如果教师表达“你”或者“他”的信息，会让家长觉得被教师指责，如果朱老师说：“那个医生怎么可以这样说我们，他又不了解情况，他哪里知道我们那天忙得连喝口水都顾不上……”，可能家长心里就会想：“我又没有冤枉你们，难道你们一忙，幼儿的安全就不用管了？”这样不仅不能很好地解决冲突，说不定又会引发新的冲突；而当表达“我”的信息时，就能让家长更好地了解“我”，理解“我”的感受和“我”的需要，这样有助于更好地建立关系。

2. 真诚表达的注意事项

（1）表达自己的观点时，尽可能是客观的，如果自己没有观察到也可以表达：“不好意思，我当时没有看到……”而不是表达自己的猜测。

（2）在日常互动过程中，教师往往不习惯表达自己的感受，事实上有效的互动就在于情感的流动，因此要会表达自己的情感。

（3）在冲突处理的持续互动过程中，当家长有情绪时，教师要用心倾听；当教师有情绪时，教师要学会真诚地表达“我”的信息。有时还需要学会在用心倾听和真诚表达之间来回切换。

（4）教师要始终清晰解决冲突不是为了“搞定”家长，而是为了建立良好的家园合作关系，是为了更好地支持幼儿的健康成长。

第三节　亲子关系的评估

关键问题

- 什么是亲子关系？
- 亲子关系对幼儿有哪些影响？
- 幼儿亲子关系的评估方法有哪些？
- 开展幼儿亲子关系的评估要注意什么？

心理学家玛格丽特·马勒认为，对自己的信心、自尊以及独立状态中的愉悦感，是从对他人的信任中发展出来的。这种信任是个体通过自己在婴幼儿期间从养育者那获得的体验中建立起来的。由此可见，亲子关系是一个人一生发展的重要基石，教师对亲子关系的准确评估，能为家长改善亲子关系提供行之有效的建议和支持。

一、亲子关系的内涵

亲子关系，最初在遗传学中使用，指亲代和子代之间的生物血缘关系。在心理学中，亲子关系更多的是指以血缘和共同生活为基础，父母与子女互动所构成的人际关系。亲子关系是个体一生中最早接触到的关系，是影响幼儿未来同伴关系和人格发展的重要源泉之一。

亲子关系会随着孩子年岁的增长而发生变化。婴儿时期，孩子完全依赖父母的抚养，不但要父母喂养、照顾、保护，在心理上也更依赖父母，他们从父母那儿获得安全感及信赖感，而父母从孩子那里获得身为父母的幸福与满足感。当孩子长到一岁左右，他们开始独立行走，开始牙牙学语，这时候父母是孩子的“安全岛”，只要父母在视线范围内，他们就愿意去探索外面的世界。3 岁后，孩子就要离开父母去幼儿园，开始“独自闯江湖”。

二、亲子关系对幼儿的影响

亲子关系会直接对幼儿的身心发展产生影响。

（一）亲子关系对幼儿认知发展的影响

维果茨基认为，幼儿认知能力的发展受到各种社会因素的影响，其中在问题解决过程中，成人创造的环境及提供的指导是十分重要的，而这种指导体现了亲子关系的质量。和谐的亲子关系有助于幼儿的认知能力发展。因此，要理解幼儿的认知发展，就必然要关注父母在日常生活中向孩子提供的各种正式和非正式的指导。[①] 由此可见，亲子关系会直接影响幼儿认知能力的发展。

---

① SHAFFER，KIPP. 发展心理学：儿童与青少年［M］. 邹泓，等译 . 北京：中国轻工业出版社，2005：257.

（二）亲子关系对幼儿社会化发展的影响

父母的支持、鼓励和积极参与可以促进幼儿人际关系和自我概念的发展，而粗暴的不支持行为会阻碍幼儿人际关系和自我概念的发展。① 父母对幼儿采取“温暖和理解”的教养方式，会促进幼儿自尊的发展，提高幼儿的自尊水平。父母对幼儿采取“严厉惩罚”“拒绝、否定”“过度干涉”“过度保护”等教养方式，会不同程度地阻碍幼儿自尊的发展，降低幼儿的自尊水平。

此外，科学的教养方式对幼儿自我效能感和良好情绪的培养也起着一定的作用。亲子关系会影响幼儿社会化发展，幼儿通过接受父母给他们的教育影响，形成并获得社会价值观和传统的行为习惯，并为将来的发展做好准备。

（三）亲子关系对幼儿人格发展的影响

家庭作为幼儿生活最基本的环境，他们无意识地接受家庭的影响。家庭不仅影响幼儿的认知发展和社会化发展，还影响幼儿的人格发展。人格结构与家庭互动模式存在相关，其中两个因素与幼儿人格发展密切相关。一是幼儿与父母的相互信任与支持包括：父母接纳孩子，并给孩子足够的爱与赞美；父母相信孩子，并且不会密切地监控，孩子可以自由地与父母讨论问题；父母鼓励孩子交朋友，同时欢迎他的朋友；父母之间的关系是和谐的。二是家庭生活具有一致性，包括：常规日常生活的规律性；父母管教的方法在本质上和时间上是可预测的；家庭成员频繁地参与共同活动。②

同时，有研究发现，人格维度神经质、精神质得分均与父母不良的教育方式（如严厉惩罚、拒绝、否定、过度干涉）有显著的正相关关系。③ 幼儿表现出孤独、冷漠、难以适应外部环境、冲动，可能与父母严厉惩罚、拒绝、否定、过度干涉的教养方式有关；父母的过度干涉可能导致孩子对生活境遇持消极态度，不信任他人且无自知力；父母的偏爱和溺爱容易使孩子在家庭中处于一个比较特殊的地位，容易产生任性、自我中心、过于依赖和缺乏韧性等不良

---

① 王丽，付金芝．国内父母教养方式与儿童发展研究［J］．心理科学进展，2005，13（3）：298-304.

② 鲍尔比．分离［M］．万巨玲，等译．北京：世界图书出版公司，2017：342.

③ 钱铭怡，夏国华．青少年人格与父母养育方式的相关研究［J］．中国心理卫生杂志，1996，10（2）：58-94.

的人格特点；父母的过度保护可能会阻碍孩子独立性和社交能力的发展，以致孩子形成缺乏自信、过分约束自我和依赖等不良的人格特点。①

案例：灵灵的家庭

灵灵是小班的孩子。老师看到她经常一个人玩，如果有小朋友邀请她一起玩，她会顺从地跟随，如果有小朋友拿走了她的玩具，她会不高兴，但从不表达。老师上课的时候，她看上去安静地坐在那儿，但眼神常常飘忽不定。当老师邀请她在小朋友面前分享时，她会站在那儿显得局促不安，不能很好地表达自己的想法。老师发现，接送灵灵的大都是灵灵的外婆，家长会也常常是外婆参加。老师只见过灵灵的妈妈来接过一次，那一天，灵灵显得特别高兴。

教师通过与外婆的沟通了解到：灵灵刚出生不久，爸爸就遇到债务问题，债主常常上门，这让灵灵的妈妈常常心惊胆战，夫妻关系也变得很糟糕。灵灵还未满月，妈妈就带着她回到了外婆家，不久就离婚了。外婆心疼灵灵，经常指责妈妈没有眼光，选择了这样的丈夫，还当着灵灵的面说她爸爸是个坏蛋。妈妈上班后，灵灵基本上由外婆照看。老师还了解到，平日外婆非常爱干净，她不允许灵灵在地上爬，也很少带孩子出去玩。灵灵上幼儿园后，妈妈再婚，而继父不允许灵灵一起生活。

案例中的灵灵成长在一个破碎的家庭，家庭中充满着冲突和对爸爸的仇恨，这样的家庭氛围让灵灵无意中感受到紧张和不安。灵灵的爸爸几乎没有出现在她生活中，她对爸爸的了解来自外婆对他的抱怨与指责，灵灵内心认同的爸爸也是外婆对爸爸的意象。妈妈无法与灵灵一起生活，很感谢外婆对灵灵的抚养。外婆作为主要照顾人在物质上满足孩子的各种需求，但在情感上对孩子是限制与苛刻的。因此，灵灵语言发展与同龄人相比显得较弱，她不会与同伴交往，情绪不稳定，也常常显得很不自信。从灵灵的案例中，我们可以看到亲子关系对幼儿认知、社会化与人格发展的影响。

---

① 王丽，付金芝．国内父母教养方式与儿童发展研究［J］．心理科学进展，2005，13（3）：298−304.

三、亲子关系评估的方法

亲子关系真切地影响着孩子的心理健康发展，如果教师要对家长开展行之有效的家庭教育指导，先要对幼儿的亲子关系进行评估。当然，评估亲子关系是一个复杂的过程，往往需要结合多种方法以获得尽可能完整的资料。

（一）家长觉察表

家长觉察表一方面可以用于评估家长对幼儿行为与心理的敏感度与感受性，了解家长对幼儿问题的应对策略和反思觉察能力，另一方面通过邀请家长填写家长觉察表，教师可以指导家长学会觉察幼儿，如表 7–3–1 所示。

表 7–3–1　家长觉察表

问题	觉察内容
孩子的行为问题是什么？	
孩子的这个行为是在什么时候出现的？持续多长时间？	
是否和年龄有关呢？	
是否和过往经历有关呢？	
孩子在这种情况下，情绪是怎样的？他的内心是怎么想的？	
使用过什么方法？这个方法是否有效？为什么？	
是否考虑使用新的方法？	

父母的感受性是父母对幼儿需求尤其是心理需求的一种感同身受的保持能力。低感受性的父母不能有效处理幼儿遇到的问题，也很难和幼儿建立连接。高感受性的父母能敏锐地觉察幼儿行为背后的问题，能感受幼儿的内心，有足够的耐心，在不断尝试中找到适合幼儿年龄和心理发展水平的应对方法。①

教师发现中班的明明特别胆小，而且常伴有挤眉弄眼的抽动症状，教师请妈妈填写了的“幼儿觉察表”（表 7–3–2）。

① 高岚. 为何爸妈看不见我［M］. 北京：中国妇女出版社，2020：61.

表 7-3-2　幼儿觉察表

问题	觉察内容
孩子的行为问题是什么？	孩子老是挤眉弄眼
孩子的这个行为是在什么时候出现的？持续多长时间？	在幼儿园中班暑假的时候开始出现，持续了 2 个月
是否和年龄有关呢？	不清楚
是否和过往经历有关呢？	可能和暑假的时候去学游泳有关，孩子有点不敢下水，但是孩子爸爸要求孩子必须下水。好像是从那时候开始的
孩子在这种情况下，情绪是怎样的？他的内心是怎么想的？	孩子好像感受不到自己挤眉弄眼，当我们给他指出来的时候，他有时显得一脸无辜
使用过什么方法？这个方法是否有效？为什么？	一开始觉得他是故意的，会制止他，会用手拍他，如果几次不改，有时候会打他。但好像都没什么效果
是否考虑使用新的方法？	老师说孩子的表现可能是抽动症，我打算带孩子去医院看看，了解相关信息

一段时间之后，当教师再邀请家长填写家长觉察表时，发现家长有了明显的变化（表 7-3-3）。

表 7-3-3　变化了的家长觉察表

问题	觉察内容
孩子的行为 / 问题是什么？	孩子的抽动现象
孩子的这个行为是在什么时候出现的？持续多长时间？	在幼儿园中班暑假的时候开始出现，持续了 3 个月
是否和年龄有关呢？	可能有一定的关系
是否和过往经历有关呢？	可能和暑假游泳经历有关，更可能与我们和奶奶的冲突有关，奶奶老是在吃饭的时候说我们当父母的不管孩子，孩子表现没有其他孩子好，我们听了会不舒服，这时候常常会打孩子，好像有点儿打给奶奶看的样子
孩子在这种情况下，情绪是怎样的？他的内心是怎么想的？	孩子会很害怕和不安吧！可能对他而言，他都不知道自己为什么会被打，觉得委屈和冤枉，又说不出来
使用过什么方法？这个方法是否有效？为什么？	上次之后，带孩子去医院看了。医生和老师的建议是一样的。我现在会花更多时间陪伴孩子，也和孩子奶奶说了不要当着孩子的面指责他不行
是否考虑使用新的方法？	目前这个方法好像还挺有效的，暂时不考虑用新的方法

案例中，明明的妈妈通过教师提供的觉察表，并求助更专业的医生，了解了孩子抽动现象的心理原因，当家人有所改变后，孩子抽动的现象有了明显的改善。

（二）家庭团体沙盘

家庭团体沙盘是团体沙盘游戏的一种，是沙盘游戏、家庭治疗和团体治疗的整合。用家庭团体沙盘游戏来评估亲子关系，对教师的要求较高，教师需要有一定的沙盘游戏和家庭治疗的知识。教师在家庭团体沙盘观察中，可以重点观察以下内容，如表 7–3–4 所示。

表 7–3–4　家庭团体沙盘观察表

家庭团体沙盘观察要点	记录
家长对于陪伴孩子游戏的态度	接纳、拒绝、敷衍应付等
成员在沙盘中是否有自己相对独立的区域？ 谁在沙盘的中心？他人沙具与其的关系？	体现家庭中的位置和权力分配 家庭子系统的存在，家庭中谁在结盟？
家庭成员沙具间有互动吗？	敌对、支持、疏离等
家庭成员创造的意象	家庭成员的心理能量是建设性的还是破坏性的

案例：亲子沙盘

清清是中班的孩子，上课的时候总是坐不住，跑来跑去。他容易发脾气，还经常和同伴发生冲突。于是老师邀请父母一起来园，但爸爸认为孩子在幼儿园常惹事，他不愿来幼儿园，因此只有妈妈一个人来了。

在老师的邀请下，妈妈和孩子一起进行了一次亲子沙盘。沙盘中的上方是妈妈的区域，主题是一只猫要过生日，其他的猫来一起过生日，妈妈在中间的位置放了一排椅子，每把椅子上坐着一只猫，这一排椅子把沙盘分成了两个区域。沙盘的下方是孩子的区域，选择的沙具是武器和汽车，所有的武器指向上方。当他发现妈妈的主题是给猫过生日时，他把自己大部分的注意力放在妈妈的沙盘空间中，拿沙具给妈妈，妈妈把船和灯塔放在边上，对于武器类的沙具就直接说“不要这个”。最终形成了以下亲子沙盘图（如图 7–3–1 所示）。观察记录如表 7–3–5 所示。

图 7–3–1　亲子沙盘图

表 7–3–5　具体观察表

家庭团体沙盘观察要点	记录
家长对于陪伴孩子游戏的态度	爸爸拒绝，妈妈能配合，但并不关注孩子
成员在沙盘中是否有自己相对独立的区域？ 谁在沙盘的中心？他人沙具与其的关系？	母子有非常独立的空间。孩子会把大部分的注意力放在妈妈那儿
家庭成员沙具间有互动吗？	母子的沙具间没有交流
家庭成员创造的意象	妈妈的意象是猫过生日，孩子的主要意象是武器与汽车，两者之间缺乏联系

爸爸没有参加这次家长约谈，从某个角度说明他只能接纳一个“好孩子”。而从这个亲子沙盘中，我们可以看到妈妈对幼儿缺乏足够的关注与支持，幼儿有讨好妈妈的倾向。结合访谈分析，妈妈对幼儿是疏离与缺乏情感支持的，但是妈妈自己并没有意识到。而从妈妈自己的成长经历来看，从有记忆开始，这位妈妈通常就是一个人，她的父母对她放任不管，导致她成为非常独立的人，也不习惯和幼儿有很多亲密接触。当教师邀请妈妈看完整的画面时，妈妈在那一刻突然意识到自己和幼儿是疏离的，幼儿是那么渴望与她亲近。幼儿因为妈妈的陪伴不足，情绪情感能力的发展慢于同龄人。

家庭团体沙盘助力亲子关系评估

我们用家长觉察表和家庭团体沙盘评估的同时，也要帮助家长自己意识到他们的养育状态，这也更利于家长转变。

四、亲子关系评估的注意事项

第一，保持客观。父母提供的材料可能会有主观倾向性，会倾向于忽视或隐瞒他们给幼儿带来的负面影响，若父母双方关系不良，一方可能会指责、夸大另一方对幼儿的负面影响。因此，这时候教师要确保自己中立的态度，要客观记录与描述收集的材料，也要记录父母讲述材料时的态度，以便综合分析和判断。

教师对幼儿父母的态度可能也会影响评估的客观性。因此教师可以通过问自己一些问题来觉察：我是否对幼儿的父母有指责或者批评的态度？我是否认为一切都是父母的错？如果教师认为父母就是幼儿行为问题的原因，当教师在评估时具有这样的态度，教师和家长就很难真诚地沟通，教师也不可能从父母那儿收集到详尽客观的信息。

第二，亲子关系的评估需要教师真诚又细心，专业又耐心。评估不可能一次性完成，对于获得的评估材料，教师要在促进幼儿心理健康的框架下进行梳理和分析。教师基于对亲子关系的评估，提出亲子关系改善的建议，最终在家园合作的基础上促进幼儿的心理健康发展。

第四节　家庭心理环境的创设

关键问题

- 什么是家庭心理环境？
- 家庭心理环境对幼儿的影响有哪些？
- 创设家庭心理环境的原则和策略有哪些？

家庭是个体最早接触，并且与其终生密切相关的重要环境。[①] 房子有了爱才是家，幼儿就是从爱的滋养里获得成长能量的。良好的家庭心理环境，不仅

① 边玉芳，张瑞平．幼儿发展心理学［M］．杭州：浙江教育出版社，2015：60.

能让幼儿获得安全感和价值感，更是其一生健康成长的肥沃土壤。

一、家庭心理环境的内涵

“家庭心理环境”是基于幼儿成长需要，父母及主要养育者共同营造的家庭人文氛围、家庭教养方式，以及与之相适应的家庭物质基础、精神氛围的总和。

在影响幼儿心理健康的诸多因素里，家庭因素是最为重要的因素之一，尤其是家庭成员的因素，如父母的行为、个人特征、教育观点、教育方法以及亲子关系等，都与幼儿的心理健康有着密切关系。①

家庭物质环境的建设短期可见成效，而精神环境、心理氛围的建设则需要全家人长期努力才能得以形成和巩固。精神环境的一部分建立在物质基础之上，但更多是通过家人之间的言语、行为等因素长期积累逐步形成的。家庭心理环境具有潜在性和渗透性，在幼儿心理和行为品质形成的过程中有着潜移默化的重要作用。

二、家庭心理环境对幼儿的影响

为幼儿提供一个安全、卫生、有利于生长发育的物质环境，是促进幼儿正常生长发育与身体健康的基础；为幼儿提供一个温暖、安定、支持的家庭心理环境，让幼儿感受成人给予的尊重、理解、关爱和接纳，使他们愉快地生活，并形成对他人的信赖，是幼儿心理健康发展的重要保障。

（一）充满冲突的家庭心理环境，影响幼儿的安全感和归属感

为了幼儿的健康成长，父母首先应该给幼儿提供一个稳定、安全且充满爱的家庭环境。有了这个基地，幼儿才敢出去探索外界，接触更广阔的生活空间。如果家庭中父母经常争吵，甚至打架，容易让幼儿有不安全感，也会影响他们对家庭的归属感，对周围人的信任感，可能还会出现退缩或攻击性行为。

---

① 刘文．幼儿心理健康教育［M］．北京：中国轻工业出版社，2021：35.

案例：父母吵架后，午睡时哭醒的圆圆

这天，大班的圆圆在幼儿园午睡时突然大哭起来，边哭边说："老师，我爸爸把妈妈的手指剪断了，流了好多血，我要回家看看妈妈……"经仔细询问，老师了解到前一天晚上爸爸拿着刀和妈妈打架了，这也导致圆圆做了可怕的梦。接下来的几天，圆圆时常会在午睡时哭着醒来，醒来后便要求老师给妈妈打电话，确认妈妈是否安全，而且不愿意参加活动，大部分时间显得游离和郁郁寡欢。

案例中的圆圆因看到父母在家中争吵的情境，导致她在午睡时做了可怕的梦，可见爸爸和妈妈拿着刀打架的惊恐画面已经深深定格在圆圆的脑海中。这个画面带给圆圆的感受是：爸爸很凶，妈妈的处境很危险，爸爸、妈妈打架的场景很可怕，家里的生活很恐怖，她想时时刻刻待在妈妈身边。所以，圆圆在幼儿园的生活也一直是紧绷着的，紧张和恐惧的情绪一起萦绕着她。如果这样的家庭心理环境没有改善，就会严重影响圆圆的安全感和对家庭的归属感，也会使她不容易信任别人，不容易与他人建立健康的关系，也无法以积极的状态去应对生活中出现的各种挑战。

（二）缺少规则意识的家庭心理环境，影响幼儿的社会交往

规则意识并非后天自然形成的，幼儿最初的规则意识，就来自于家庭环境。如果幼儿没有规则意识，他也不容易收获他人的友谊。

案例：在绝对自由环境下成长的明明

明明是大班的插班生，开学不到一个月，他天天状况不断，且有愈演愈烈之势。开始是随意破坏班上小朋友制订的规则，抢小朋友的玩具，破坏小朋友的作品。班上老师担心他这样会影响与其他小朋友建立的关系，于是想了很多办法，但均不见效。

在老师与家长交谈中，明明妈妈向老师表达，因为自己很忙，所以儿子基本上由自由职业的爸爸照看。明明爸爸小时候家里家教很严，孩子吃饭只能低着头，只能吃放在他面前的那盘菜，如果忍不住将筷子伸得长一点，他妈妈一定会狠狠地将他的筷子敲落。明明爸爸觉得自己小时候非常不幸福，因此等他做了爸爸，他就想着一定要给明明自由，不

给明明任何限制，他也要求妈妈这样做。还说这次来插班，一是因为搬家，二是因为明明在原来的班级没有朋友，班上的小伙伴们都不喜欢和他一起玩，让他觉得很孤独。

明明爸爸因为自己小时候的经历，所以在家中给了明明绝对的自由，哪怕他用不同的工具攻击爸爸，爸爸既不会制止也不会生气。明明来到一个新的环境，他希望能被教师、同伴关注和喜欢，当他得不到别人的关注时，就会采用一些破坏规则的方式来吸引他人的关注。但因为他不懂得尊重别人，行为没有边界，因此他插班后仍然没有获得同伴的认同。

（三）缺少支持的家庭心理环境，影响幼儿能力的提升和对自我的认知

父母不仅要给幼儿提供有爱、有规则感的家庭生活环境，同时也要给予幼儿情感支持和能力支持。教师可以从幼儿的行为中看到家庭的情感支持和能力支持，如一个邋遢而杂乱无章的幼儿，背后也许有一个随时帮他收拾整理的家长；一个时常说谎的幼儿，家里可能会有一个盛气凌人的成年人；一个调皮捣蛋的幼儿，可能常常得不到家人对他的关注。家庭心理环境影响着幼儿能力的发展和自我的认知。

特别的孩子

失落的小艺

小艺5岁，特别喜欢问爸爸各种问题，爸爸有时候没耐心，就会告诉他："你不要什么事情都来问大人，只知道问家长的孩子，就是不聪明、不能干的孩子，聪明能干的孩子都是自己去找答案的。"从那以后，小艺遇到自己好奇的事情、困惑的事情，他再也不敢去问大人，也没有足够的能力去解决自己遇到的问题，做事常常会以失败告终。

小艺年龄尚小，生活经验和处理问题能力不足，很多时候会询问家长、求助家人，而家长不假思索的消极评价会使幼儿认为自己不如别人，会表现出消极的心境。这种消极心境的形成与家庭环境有直接关系。

（四）溺爱的隔代教养环境，影响幼儿的积极情绪

家庭心理环境中，非常重要的是人的因素。目前，祖父母也是家庭教育的“主力军”。有些祖父母因为当年生活所迫，缺少对自己子女的陪伴和教养，因此有补偿心理，对自己的孙辈宠爱有加；也有些祖父母因为退出了工作环境，失去了实现自我价值的机会，有些失落，为证明他们的抚育和教育“成效”，也会溺爱自己的孙辈，在生活上对孩子呵护备至。这样的教养方式带来的后果往往是灾难性的，许多有心理问题的幼儿，童年都有祖辈过度溺爱的经历。

特别的孩子

受挫的小宝

小宝是个可爱的 4 岁男孩，他经常会说“我是爷爷、奶奶最喜欢的人”，他在家中有一项“特权”，就是经常将自己喜欢的人在家里排队：爷爷第一、奶奶第二、妈妈第三、爸爸最后，这个排序是根据他们对自己的宠爱程度而排列的，为此，爷爷、奶奶还特别自豪。来到幼儿园，环境改变了，他不再是最受宠爱的那一个，因此常常感到失落和难过，为此要么整天闷闷不乐，要么一触即发、暴跳如雷。没过多久，他再也不愿上幼儿园了，还经常说：“我讨厌幼儿园，我讨厌老师，老师都是大坏蛋！”

小宝心理受挫、情绪失控是有过程的，家里祖辈的宠爱和无原则顺从是很重要的原因。其实，父母才是幼儿的第一位老师，也是陪伴幼儿的共同成长者，在家庭教育里，任何人的作用都不如父母的作用重要和长远。因此，祖辈可以协助抚养，但是不能替代和干涉父母的教育和影响力。作为父母，要清醒地认识到这一点，并为创设平等、和睦、充满爱的家庭心理环境而不遗余力。

三、创设家庭心理环境的原则

家庭心理环境的创建不是一朝一夕可以完成的，家长需要坚持一些原则，家庭成员共同努力，在日常生活中，有目标、有方向、有原则地创建良好的家

庭心理环境。

（一）健康为先的原则

在创设家庭心理环境时，要坚持健康和生命第一的原则。《3—6岁幼儿学习与发展指南》中明确指出：健康是指人在身体、心理和社会适应方面的良好状态。幼儿阶段是儿童身体发育和机能发展极为迅速的时期，也是形成安全感和乐观态度的重要阶段。

（二）温暖、有爱的原则

每一对父母都爱自己的孩子，而爱孩子的最好方式，就是爸爸爱妈妈，妈妈爱爸爸，以此营造温暖、有爱的家庭环境。如果父母不再相爱，甚至无法继续生活在一起时，也要互相尊重，不可在幼儿面前恶评对方，更不应该冲动行事、“武力解决”，带给幼儿心理伤害。同时，家庭成员之间要相互信任、真诚沟通。当幼儿感受到家庭环境是温馨美好时，身心成长才能和谐而健康，才能走向更广阔的天地。

（三）悦纳、支持的原则

每个幼儿都是独一无二的存在，无论他们的性别、长相、体质如何，降生在何种家庭，一个新生命都应该被悦纳。父母应尊重幼儿本来的样子——静心倾听幼儿，理解幼儿独特的、真实的需求，给予幼儿积极的支持，使幼儿更好地发展。同时，家庭成员对幼儿的要求要一致，共同为幼儿的成长护航。

（四）独立、融合的原则

家庭心理环境的“难关”，有些来自祖辈的越俎代庖，有些来自客人朋友的嬉笑逗弄。家庭教育要以父母为主体，以祖父母为辅。同时，也要注意排除进入家庭的其他因素干扰。

案例：开玩笑要“有度”

小涵是个聪明调皮的5岁小男孩，最近，家里添了小妹妹，又来了许多贺喜的人，有人就告诉他“有了妹妹，爸爸妈妈不喜欢你了，跟我回家吧”，直到小涵急得要哭出来，客人才说：“跟你开玩笑的。”

四、创设良好家庭心理环境的策略

《中华人民共和国家庭教育促进法》中指出：父母或者主要其他监护人应当树立家庭是第一个课堂、家长是第一任老师的责任意识，承担对未成年人实施家庭教育的主体责任，用正确思想、方法和行为教育未成年人养成良好思想、品行和习惯。因此，父母要运用智慧和策略，来创设良好的家庭心理环境。

（一）亲密有间的家庭环境，为成长预留空间

当父母决定要一个孩子时，既要做好心理准备，也要为幼儿的到来做一定的物质准备。如果条件允许的话，可以为即将到来的孩子准备一个单独的、采光良好的小房间，或者独立的小床，这样父母与幼儿间既亲密，又有彼此独立的空间。

案例：和谐、有序的家庭心理环境

萱萱出生后，爸爸、妈妈有意识地在大床边上安排了小床，让宝宝晚上休息时能单独睡。为了防止夜里宝宝踢被子受凉，还安装了“踢被子报警器”。这样，爸爸、妈妈依然能有良好的睡眠，宝宝也可以得到适当的照顾。

萱萱开始走路了，爸爸、妈妈也提醒爷爷、奶奶和保姆，尽量让萱萱自己走路和上下楼梯，实在有困难时，再给予帮助。妈妈还在不同阶段给萱萱准备了不同的餐具、餐椅，便于她自己进餐，在每餐结束前，妈妈会指导和帮助萱萱吃完饭菜、整理饭桌。

平时萱萱家有一个晚餐后相对固定的“家庭时间”，有时是阅读时间，有时是音乐时间。在爸爸、妈妈阅读的同时，萱萱学着独自绘画、游戏等。萱萱上小学后一直这样，大家各自安静地完成自己的学习或任务。

家庭成员在空间上、时间上、内容上，既有联系，又有界限。亲密有间的家庭环境既让幼儿感受到爱，得到安全的护理，同时也给彼此留有独处和自在的生活空间。

另外，家庭中物品摆放有序，玩具与学习用品分区存放，成人接打电话控制音量等，都有助于创设安静、整洁的环境，也有助于幼儿集中注意。

（二）积极倾听，营造温暖的精神氛围

一个温暖和谐的家，需要家庭成员共同创建。父母首先需要学习专心倾听，学会管理好自己的情绪，平静说话，尽可能地运用“倾听”“共情”等方法，和幼儿发生情感共鸣，产生对话，更好地让幼儿感受家庭的温暖。每天的共进晚餐时间、亲子陪伴的游戏时间、户外运动的锻炼时间等，都是家庭成员表达、交流和彼此倾听的好时机。有的幼儿能告诉家长为什么他们惊恐、生气、不开心，但多数情况下，解释“为什么”这个问题是个难题。[①] 有时候，幼儿并不需要家长认同他们的感受，而是需要家长了解和回应他们的感受。家庭中的平等、尊重的心理氛围，可以从积极倾听开始。家长认真倾听幼儿，接纳他们的感受，是让幼儿积极思考自己解决问题的第一步。

案例：倾听孩子心声的爸爸

佳佳饲养的小乌龟死了，她很伤心地告诉爸爸，爸爸说：“没什么好伤心的，不就是一只小乌龟吗，明天我再给你买一只。”结果，佳佳大声哭了起来。爸爸意识到自己没有能很好地倾听佳佳，于是，赶紧安慰佳佳：“宝贝，你饲养的小乌龟是你的好朋友，你和小乌龟一起玩的时候，一定是非常开心的。现在它不在了，你会很难过，爸爸理解你的心情。”佳佳止住了哭泣，和爸爸说起了饲养小乌龟过程中的种种趣事。慢慢地，佳佳的情绪平复了，父女俩又商量着给小乌龟找了一个安息的地方。一段时间后，他俩还会一起回忆饲养经历。佳佳也没有再要求饲养另一只乌龟。

安静地倾听、积极地回应、说出幼儿难以表达的感受、帮助幼儿实现愿望，是家庭内积极沟通的有效方法。“倾听”和积极的回应无疑是创建家庭良

① 法伯，玛兹丽施．如何说孩子才会听 怎样听孩子才肯说［M］．安艳玲，译．北京：中央编译出版社．2010：28.

好心理环境的基础。真正的关怀应该是父母为幼儿提供良好的情感环境，尊重并耐心倾听幼儿的观点，接纳他们的感受，理解他们的需求，并积极鼓励幼儿自己来解决问题，也相信幼儿可以自己解决问题。

（三）父母共同参与，做幼儿成长的安全港湾

第一，父母作为幼儿的第一监护人，要亲自养育。爸爸、妈妈是“核心养育者”，祖辈、其他养育者是“辅助养育者”，大家要各司其职。父母、祖辈都要注意高质量陪伴，不能简单地把幼儿交给电子产品，也不可轻易将幼儿全部交给保姆。

第二，父母要共同参与。父母在家庭教育中都有着不可替代的作用。0～4个月的婴幼儿，需要“无条件积极养育”，因为母乳哺育等因素，年龄较小的婴幼儿更依赖母亲；而丈夫对妻子的呵护，虽然不直接作用于婴幼儿，但对创建温馨的家庭氛围也是意义深远的。在幼儿成长过程中，父亲与幼儿的积极互动，对幼儿社会适应、心理健康成长来说是不可替代的。

案例：诺诺的幼小衔接

诺诺要上小学了，爷爷、奶奶早早买来了新书包，外公、外婆也送来了新文具，还不忘交代诺爸、诺妈：“暑假给小诺找个好的培优班，上小学前就要认识 1 000 个字，拼音也要提前学一下，不能在小学一年级掉队。”然而，关于幼小衔接，爸爸和妈妈早就商量过了，他们和诺诺说：“每个孩子长大了都要上小学，从幼儿园到小学，你首先要学会自己整理书包、看钟表、专心做事，可以学写自己的名字，也要学会写 1～10 的数字。如果能完成这些小任务，做好准备了，暑假里，爸爸、妈妈就可以带你去海边旅行，作为上小学前的特殊奖励。”爸爸、妈妈也将这个想法和祖辈作了交流，达成了一致——单纯知识储备不如综合能力准备。全家一致同意，不在暑假里报各种班，而是用有限的亲子陪伴时间“行万里路”，做一次身体、心理、社会适应的全面准备。

父母的一路陪伴，是幼儿成长的安全港湾。父母养育幼儿，是为了他们长大成人后能够幸福、独立地生活和面对生活。每一个幼儿长大成人，需要经历不同的发展阶段。无论在何种发展阶段，幼儿的成长都不会是一帆风顺的。

父母创建的积极家庭心理环境，就如同幼儿的心灵避风港，能给予幼儿成长的动力。父母的接纳和支持，家庭的滋养和爱护，是幼儿成长的依托，更是幼儿未来取之不尽用之不竭的力量之源。

（四）宽严得当，引导幼儿解决问题

首先父母要宽严得当。“良好”的家庭心理环境，并不意味着一味迁就和顺从，无条件接纳也不是溺爱。在幼儿探究世界的过程中，父母要尽可能放手，允许幼儿在试错、试误的过程中，获得有益的经验。但在处理人与人的关系中，父母要引导幼儿能够懂得尊重自己、尊重他人，知道行为有边界。

案例：动脑筋解决问题的奇奇

姑姑送了奇奇一套“工程小汽车”模型，奇奇开心极了。同班的好朋友亮亮和邻居小弟弟一起来家里玩，大家搭起了“汽车城”，玩得很兴奋。玩了不久，奇奇就不开心地来告诉大人：“小弟弟把新汽车的轮子弄掉了一个，我要他赔一套新的！”妈妈问奇奇：“有没有更好的办法来解决问题？”奇奇认真地想了一下，回答说：“小汽车的轮子只是掉下来了，也许用胶水就可以粘上去，我们去试试看。”果然，奇奇带着小弟弟，尝试了几种方法，把小汽车的轮子修好了。奇奇还煞有其事地对小弟弟说：“以后玩小汽车的时候，要注意轻一点，如果真的坏了，我们就不能开心地玩游戏了。遇到事情，我们都要动脑筋、想办法。玩具是要爱护的，你如果以后遇到问题，哥哥可以帮助你！”

（五）随机而教，做幼儿的表率

生活是幼儿成长的活教材，家庭教育充满着随机性，因此家长要充分利用生活中的资源——光盘行动、垃圾分类、节水节电、交通规则、礼貌待人、先下后上等，支持幼儿心理健康成长。同时，家长对幼儿的教育与其是“请你照我说的做”，不如是“请你照我做的做”，当父母去喂一只流浪猫时，幼儿知道应该善待动物；当父母为生病的朋友送去亲手做的饭菜时，幼儿懂得了大家要彼此关爱；当父母能时刻尊重幼儿时，幼儿学会了尊重；当父母对生活充满好奇时，幼儿便觉得世界是那样好玩那样值得探究……

案例：不挑食、不剩饭的彤彤

大班午餐时间，小朋友们可以自己盛菜和添饭。老师表扬彤彤每天都不挑食、能吃完自己取的饭菜，而且桌面整洁。当老师向家长表示赞赏时，了解到彤彤在家里每天会和妈妈一起分筷子、收拾自己的餐具。平时，爸爸、妈妈会带她一起去吃自助餐，每个人都自觉吃完盘中食物，遵守餐桌礼仪。

生活即教育，案例中的父母和教师的做法，都是值得借鉴的。成人放手让幼儿在生活中得到锻炼，并且给孩子做出榜样，把握生活中的教育机会，好习惯、好言行从细节开始，在遵守社会公德的同时，也创建了家庭良好的心理氛围。

家庭中父母与子女是相互促进、共同成长的。父母创造了一个幼儿，不仅有责任让他长大，而且有责任让他幸福。[1]希望每一位真正关心幼儿成长的成人，能够通过不懈努力，创建良好的家庭心理环境，让幼儿在各自的家庭中拥有旺盛的创造力和生命力，自由而幸福地成长。

创设良好的家庭心理环境的案例

思考题

一、名词解释

家园互动；亲子关系；家庭心理环境

二、简述题

1. 在家园合作过程中，为什么说教师要承担起先行组织者的职责？

2. 为什么我们要引导家长建立健康亲密的亲子关系？

3. 家庭心理环境在创设过程中，家长要特别注意什么？

三、案例分析题

在读幼儿园大班的小华，平时在园里表现得活泼可爱，深受老师和同伴们的喜爱。然而，最近一段时间，戴老师发现小华开始出现一些说谎的行为。比如，他会告诉老师自己完成了某项任务，但实际

① 尹建莉. 好妈妈胜过好老师［M］. 北京：作家出版社. 2013：202.

上并没有做；或者会说自己带了某个玩具来幼儿园，但实际上并没有带。这些说谎的行为虽然看似无伤大雅，但戴老师深知，如果不及时纠正，可能会对小华的成长产生不良影响。通过与小华家长的日常沟通和交流，小华的妈妈也向幼儿园反映了一个情况：他们在家里也发现小华有说谎的现象。比如，小华会告诉家长自己在幼儿园里得到了老师的特别奖励，但和老师沟通过发现实际上并没有这样的事情。

第七章答案

请你根据上面的案例，分析孩子行为背后的原因，想想老师可以怎么做，来引导家长共同支持孩子的身心健康发展。

参考文献

1. 中华人民共和国教育部. 3—6岁儿童学习与发展指南[M].北京：首都师范大学出版社，2012.
2. 中华人民共和国教育部.幼儿园教育指导纲要：试行[M].北京：北京师范大学出版社，2001.
3. 李季湄，冯晓霞.《3—6岁儿童学习与发展指南》解读[M].北京：人民教育出版社，2013.
4. 周念丽.学前儿童心理健康与教育[M].北京：中国人民大学出版社，2019.
5. 周念丽.学前儿童发展心理学[M]. 3版.上海：华东师范大学出版社，2014.
6. 罗秋英.学前儿童心理学[M]. 2版.上海：复旦大学出版社，2020.
7. 刘文.幼儿心理健康教育[M].北京：中国轻工业出版社，2021.
8. 饶淑园.幼儿心理健康教育指导[M].北京：高等教育出版社，2015.
9. 傅宏.学前儿童心理健康[M].南京：南京师范大学出版社，2002.
10. 希奥塔，卡拉特.情绪心理学：3版[M].周仁来，等译.北京：中国轻工业出版社，2021.
11. 贝克.婴儿、儿童和青少年[M].桑标，等译.上海：上海人民出版社，2014.
12. 刘云艳.给幼儿园教师的101条建议：幼儿心理健康教育[M].南京：南京师范大学出版社，2014.
13. 王晓芬.幼儿行为观察与分析[M].上海：复旦大学出版社，2023.
14. 黄希庭.人格心理学[M].杭州：浙江教育出版社，2002.
15. 林崇德.创造性心理学[M].北京：北京师范大学出版社，2018.

16. 林崇德.发展心理学［M］.3版.北京：人民教育出版社，2018.
17. 丁海东.学前游戏论［M］.济南：山东人民出版社，2001.
18. 华爱华.幼儿游戏理论［M］.上海：上海教育出版社，2000.
19. 卡尔，李.学习故事与早育：建构学习者的形象［M］.周菁，译.北京：科学出版社，2015.
20. 秦金亮.早期儿童发展导论［M］.北京：北京师范大学出版社，2014.
21. 雷江华.特殊儿童发展与学习［M］.2版.北京：高等教育出版社，2024.
22. 王萍.学前特殊儿童教育［M］.北京：清华大学出版社，2019.
23. BOIK，GOODWIN.沙游治疗完全指导手册［M］.田宝伟，等译.北京：中国轻工业出版社，2012.
24. 安曼.沙盘游戏中的治愈与转化：创造过程的呈现［M］.张敏，等译.北京：中国人民大学出版社，2012.
25. MITCHELL，FRIEDMAN.沙盘游戏：过去、现在和未来［M］.张敏，高超，宋斌，译.北京：中国人民大学出版社，2014.

读者意见反馈

为收集对教材的意见建议，进一步完善教材编写并做好服务工作，读者可将对本教材的意见建议通过如下渠道反馈至我社。

咨询电话　400-810-0598

反馈邮箱　gjdzfwb@pub.hep.cn

通信地址　北京市朝阳区惠新东街4号富盛大厦1座

高等教育出版社总编辑办公室

邮政编码　100029